"十一五"国家重点图书
中国气象局科普项目资助
农村气象防灾减灾科普系列丛书

棉花减灾丰产与气象

郝东敏　郝云理　叶修祺　编著

气象出版社
China Meteorological Press

图书在版编目(CIP)数据

棉花减灾丰产与气象/郝东敏,郝云理,叶修祺编著.
—北京:气象出版社,2010.10
(农村气象防灾减灾科普系列丛书)
中国气象局科普项目资助
ISBN 978-7-5029-5063-7

Ⅰ.①棉… Ⅱ.①郝…②郝…③叶 Ⅲ.①棉花-自然灾害-防治-问答②气象-关系-棉花-栽培-问答 Ⅳ.①S42-44②S562-44

中国版本图书馆 CIP 数据核字(2010)第 194497 号

棉花减灾丰产与气象

Mianhua Jianzai Fengchan yu Qixiang

出版发行：	气象出版社
地　　址：	北京市海淀区中关村南大街 46 号
邮政编码：	100081
网　　址：	http://www.cmp.cma.gov.cn
E-mail：	qxcbs@cma.gov.cn
电　　话：	总编室 010—68407112，发行部 010—68409198
策划编辑：	崔晓军　王元庆
责任编辑：	周　露
终　　审：	朱文琴
封面设计：	博雅思企划
责任技编：	吴庭芳
责任校对：	赵　瑗
印 刷 者：	北京奥鑫印刷厂
开　　本：	787 mm×1 092 mm　1/32
印　　张：	3
字　　数：	67 千字
版　　次：	2010 年 10 月第 1 版
印　　次：	2010 年 10 月第 1 次印刷
印　　数：	1～5000
定　　价：	9.00 元

本书如存在文字不清、漏印以及缺页、倒页、脱页等，请与本社发行部联系调换

《农村气象防灾减灾科普系列丛书》
编委会

主　编：沈晓农

副主编：李　慧　王春乙　刘燕辉

编　委（以姓氏笔画为序）：

　　王元庆　王存忠　刘文泉

　　成秀虎　吴建忠　张　斌

　　陈　烨　林方曜　崔晓军

序

我国是世界上气象灾害最严重的国家之一。据统计,每年因各种气象灾害造成的农作物受灾面积达5 000多万公顷,经济损失超过2 000亿元。随着全球气候持续变暖,我国农业生产面临着更大的自然风险。

农业、农村、农民问题关系党和国家事业发展全局。党中央、国务院历来高度重视气象为"三农"服务工作。2008年中央一号文件明确要求,要充分发挥气象为农业生产服务的职能和作用,加强农业防灾减灾体系的建设和农业应对气候变化的能力建设。胡锦涛总书记在2008年6月的"两院"院士大会上强调,要将灾害预防等科技知识纳入国民教育,纳入文化、科技、卫生"三下乡"活动,纳入全社会科普活动,提高全民防灾意识、知识水平和避险自救能力。党的十七届三中全会又进一步强调要加强农村防灾减灾能力建设,并明确提出,要加强灾害性天气监测预警,宣传普及防灾减灾知识,提高灾害处置能力和农民避灾自救能力,开发气象预报预测和灾害预警技术,开发利用风能和太阳能,加强农业公共服务能力建设等。

多年来,气象部门始终坚持把为农业服务作为气象工作的重要任务,努力为农村防灾减灾、粮食增产、农民增收、农业增效等方面提供气象保障服务,并动员全部门力量,积极联合各部门组织开展面向农村和农民的气象科普活动,取得了初步成效。2008年11月,《中国气象局关于贯彻落实〈中共中央关于推进农村改革发展若干重大问题的决定〉的指导意见》明确提出了在农村开展宣传普及气象科技和气象灾害防御知识的任务,要求"建设农村气象科普教育基地,促进农村气象科技和气象灾害防御知识的宣传普及,提高农村气象科普宣传的力度、广度和深度,积极推动农村气象防灾减灾知识和技能的宣传教育下乡、进村、入户,提高农民气象灾害防御意识和避灾自救能力"。中国气象学会和气象出版社组织气象科普专家编写的《农村气象防灾减灾科普系列丛书》,针对我国现代农业、农村、农民的特点,从气象与农村生产、生活的关系及影响出发,面向农民群众普及各类气象灾害常识和防御要点,针对性强、通俗易懂。该丛书将通过"农家书屋"工程等渠道向全国发放。

面对农业生产和农村改革发展的新形势和新要求,气象部门一定要进一步增强农村气象防灾减灾和农业应对气候变化的能力,大力加强农村公共气象服务体系建设,充分发挥气象为农村改革发展服务的作用,大力推动面向农村和农民的气象科普活动,努力增强广大农民群众气象防灾减灾、应对气候变化的科学意识和素质,为推动农村改革发展作出新的更大的贡献。

中国气象局局长 郑国光

2008年11月于北京

目 录

1. 什么是气象和农业气象条件 …………………………… (1)
2. 要想达到棉花高产、稳产、优质为何必须掌握农业气象条件 …………………………………………………… (1)
3. 我国棉花生长发育特性是什么 …………………………… (1)
4. 我国棉花产量、品质形成与农业气象条件有何密切关系 …………………………………………………………… (2)
5. 我国棉花产量的构成及有利和不利的农业气象条件是什么 …………………………………………………… (4)
6. 我国棉花品质的构成 …………………………………… (6)
7. 棉花遗传品质与农业气象条件的关系如何 …………… (6)
8. 棉花生产品质与农业气象条件的关系如何 …………… (8)
9. 棉花产后品质与农业气象条件的关系如何 …………… (9)
10. 我国各棉区棉花产量丰歉的农业气象条件是什么 …………………………………………………………… (9)
11. 大气中二氧化碳增加、气候变暖对棉花生产的影响及其对策是什么 ………………………………………… (10)
12. 陆地棉分类指标和所需的农业气象条件是什么 …… (11)
13. 什么是棉花良种,其特性和标准是什么 ……………… (13)
14. 不同气候生态区棉花引种的农业气象条件和技术措施如何 ………………………………………………… (14)
15. 棉花引种要注意哪些问题 ……………………………… (15)
16. 棉花成功引种的原则是什么 …………………………… (16)
17. 我国干旱灾害对棉花生产的危害情况如何 ………… (16)

18. 我国棉花生产中有哪些有效抗旱播种技术措施 …………………………………………………… (16)
19. 我国大田棉花抗旱技术措施有哪些 ………… (18)
20. 我国棉花渍涝灾害的成因、发生特点及灾害类型有哪些 ……………………………………… (20)
21. 棉花受渍涝灾害后有哪些生育特点,恢复能力如何 …………………………………………… (22)
22. 棉田受渍涝灾害后的管理和补救措施有哪些 …… (23)
23. 我国冰雹大风灾害对棉花生产的危害情况如何 …………………………………………… (26)
24. 棉花受雹灾的程度等级如何划分 …………… (26)
25. 棉花遭受雹灾后的生长发育特点和减灾、防灾技术措施是什么 ……………………………… (27)
26. 低温霜冻灾害对我国棉花生产的危害情况如何 … (30)
27. 棉花生产中抵御低温霜冻危害的对策和技术措施有哪些 ……………………………………… (31)
28. 我国各棉区如何选定适宜的棉花品种 ………… (33)
29. 播种前如何选定适宜的棉花种植方式(模式) …… (36)
30. 播种前如何准备棉花种子,以增强其抗逆性能 …………………………………………… (37)
31. 棉花播种前如何管理好棉田 ………………… (40)
32. 棉花种子顺利萌发出苗需要哪些条件 ………… (41)
33. 如何确定棉花的适宜播种期 ………………… (43)
34. 如何确定棉花适宜播种量和适宜株行距以保全苗及群体密度 ……………………………… (45)
35. 棉花有哪些抗旱、抗渍涝、抗低温的播种技术 …… (45)

36. 棉花营养钵(块)膜盖育苗移栽技术的优势是什么 ………………………………………………………………… (46)
37. 棉花营养钵(块)膜盖育苗移栽的农业气象技术要点是什么 …………………………………… (47)
38. 大田棉花播种后不利天气条件下的管理措施和技术有哪些 …………………………………… (50)
39. 棉花苗期生育特点及所需的农业气象条件是什么 ………………………………………………………………… (51)
40. 棉花合理密植增产的原因是什么 …………………… (52)
41. 合理密植的一般原则和所需条件是什么 …………… (53)
42. 棉花苗期有哪些主要的管理措施 …………………… (54)
43. 棉花苗期主要有哪些病虫害 ………………………… (55)
44. 棉花苗期主要病害综合防治技术有哪些 …………… (56)
45. 棉花苗期主要虫害综合防治技术有哪些 …………… (59)
46. 棉花苗床育苗和移栽应掌握哪些农业气象条件和主要管理技术措施 …………………………… (60)
47. 棉花蕾期生育特点及有利和不利的农业气象条件是什么 …………………………………………… (61)
48. 棉花蕾期主要虫害发生的农业气象条件是什么 …… (62)
49. 棉花蕾期主要病害发生的农业气象条件是什么 ………………………………………………………………… (63)
50. 棉花蕾期主要农业气象技术要点是什么 …………… (64)
51. 棉花花铃期有利和不利的农业气象条件是什么 …… (67)
52. 棉花花铃期主要病害发生的相关条件是什么 ……… (67)
53. 棉花花铃期主要虫害发生的特点有哪些 …………… (69)
54. 棉花花铃期主要农业气象技术措施是什么 ………… (71)
55. 如何根据气候特点防治棉花花铃期病害 …………… (74)

56. 如何根据气候特点防治棉花花铃期虫害 ………… (75)
57. 棉花吐絮、收花期生育特点和所需的农业气象条件
    是什么 ……………………………………………… (77)
58. 棉花吐絮、收花期主要农业气象技术措施是什么
    ……………………………………………………… (78)
59. 盐碱地春棉高产种植的农业气象技术要点是什么
    ……………………………………………………… (79)
60. 盐碱地棉花地膜覆盖栽培的农业气象技术要点是
    什么 ……………………………………………… (83)

参考文献 ……………………………………………… (85)

1. 什么是气象和农业气象条件

气象是指地球大气中发生的光、温、水、气,风、雨、雷、闪,云、霜、雹、雾、阴、晴、冷、暖等各种大气现象。

农业气象条件是指与农业密切相关的气象条件,如影响农作物生长发育和产量、品质的光照、温度、湿度、降水、空气中氧气和二氧化碳含量等农业气候资源条件,以及旱、涝、连阴雨、高温、霜冻、大风、台风、干热风、冰雹等农业气象灾害条件。

2. 要想达到棉花高产、稳产、优质为何必须掌握农业气象条件

有利的农业气象条件是实现棉花高产、稳产、优质的必要条件,因为棉花生长发育和产量、品质的形成离不开有利的光、温、水、湿、气等农业气象条件。这些农业气象条件既是棉花产量、品质构成的基本元素和物质基础,又是棉花产量、品质形成的必要条件和保证。而不利的农业气象条件,如干旱、渍涝、大风、干热风、低温霜冻、冰雹等则会对棉花生产造成重大损失。所以,要想取得棉花的高产、稳产、优质、高效,就必须很好地掌握和利用有利的农业气象条件,防御和克服不利的农业气象条件。

3. 我国棉花生长发育特性是什么

棉花原产于热带、亚热带地区,是多年生植物,后经人工

长期选择和培育,逐渐北移到温带,演变为一年生作物,即在一年内播种、出苗、现蕾、开花、结铃、吐絮、种子成熟,完成生育周期。棉花在生长发育过程中,仍保留多年生和原产地品种的若干特性,这些特性与获得棉花高产、优质有密切关系,也是人们采用有效技术措施的基本依据。

(1)棉花无限生长的习性 棉花在生长发育过程中,只要温度、光照、水分等条件适宜,就会像多年生植物一样,能够不断地生枝、长叶、开花、结铃,持续生长发育,单株结铃潜力很大。在生产上,人们可以在每年有限的生长季节内,采取有效的技术措施,充分发挥棉花无限生长的特性,发挥单株增产潜力,来提高棉花的产量和质量。近年来大面积推广的育苗移栽、地膜覆盖、间作套种、适当早种、适当晚收等技术措施,都是根据棉花无限生长习性,充分利用光、温等资源条件,以取得显著的增产效果。

(2)棉花根系发达、再生力强、抗逆性强 棉花为直根系作物,根系发达,主根深,侧根分布广,能在土壤中形成强大的吸收网,是一种比较耐旱和耐盐碱的作物。棉花的根、茎、叶都具有较强的再生能力,主根受伤或移栽断根后,都会促进侧根大量生长。棉株愈小,根的再生能力愈强。当棉株遭受雹灾、风灾、虫灾等灾害时,枝叶部分折损后,靠再生能力,仍能使原来潜伏的腋芽萌发,长成新的枝条,并且还能现蕾、开花、结铃,获得一定的产量。

4. 我国棉花产量、品质形成与农业气象条件有何密切关系

棉花的气候生态特性是喜欢较高的温度和较多、较强的

光照,怕冷、怕阴、怕旱涝、怕冰雹、怕病虫害。

(1)棉花是喜温作物 棉花生长发育要求 25～30 ℃ 的较高温度。气温低于 20 ℃,棉株生长发育缓慢,各器官形成和发育推迟;低于 15 ℃,棉铃纤维素即停止沉积。所以,温度低、热量不足会直接影响棉花的生长发育,造成棉花晚熟、低产和品质下降。

(2)棉花生长和发育要求光照充足 光照不足会抑制棉花生长和发育,造成棉花大量蕾、铃脱落和产量、品质降低。棉花的光补偿点和饱和点都比较高,光饱和点高达 7 万～8 万 lx,而一般作物只有 2 万～5 万 lx。这表明在强光照条件下,其他作物不能进行光合作用时,棉花仍能正常进行光合作用。同时,棉花对光照的需求既严格又敏感。

(3)我国各地、各年度农业气象条件差异较大 我国各地或同一地区不同年份的光、温、水、湿、气等农业气象条件往往有较大的差异,这是造成我国各地、各年度棉花产量、品质不同、不稳的重要原因。

(4)棉花中后期营养生长与生殖生长并进,并且与高温、强光、多雨季节重叠 棉花现蕾、开花至结铃、吐絮阶段是营养生长与生殖生长并进的阶段,是需要光、温、水、肥的关键期和高峰期,而此时正好与我国大部分棉区的高温、强光、多雨季节相重叠,这有利于棉花的生长和发育。但是有些年份,这一阶段降水偏多或偏少,也容易出现干旱、渍涝灾害和多阴、少光,造成大批蕾铃脱落,降低棉花产量和品质。所以,该阶段必须加强田间管理,协调好棉株生育与环境条件的关系、营养生长与生殖生长的关系,才能达到铃多、铃大、铃重、高产、优质。

5. 我国棉花产量的构成及有利和不利的农业气象条件是什么

棉花的产量一般以皮棉的产量表示。皮棉产量由每公顷总铃数、铃重和衣分3个要素组成。每公顷总铃数又由每公顷株数和单株铃数所决定。如此,棉花每公顷产量由每公顷株数、单株铃数、铃重、衣分4个要素构成,即:每公顷皮棉产量＝每公顷株数×单株铃数×单铃重×衣分。

(1)总铃数 每公顷总铃数是构成棉花产量的主要要素,也是变幅最大的要素,高产田每公顷总铃数高达125万～135万个,而低产田只有30万～45万个,铃数及产量可相差4～5倍。目前我国棉花平均单株铃重4 g左右,衣分为35%～38%。因此,若每公顷产750 kg皮棉(即亩[①]产50 kg皮棉),则需成铃60万个左右;若每公顷产1 500 kg皮棉(即亩产100 kg皮棉)则需成铃约100万个(即亩需成铃约7万个)。在一般情况下,每公顷总铃数对棉花产量起着主导作用。

每公顷棉花总铃数的多少,与亩株数(种植密度)密切相关,密度过大,棉田气候条件差(包括因降水过少或灌溉不及时而出现的干旱危害更重;阴雨过多而出现棉田光照不足,株间相对湿度过高,病虫害更多,土壤过湿或渍涝;棉田温度过高或偏低,遭遇大风、台风、冰雹、暴雨等灾时受害更重),会造成棉株个体和群体发育不良,蕾铃脱落严重,铃数减少,产量降低。据分析,影响棉花蕾铃脱落的主要农业气象因子是

---

① 1亩＝$\frac{1}{15}$ hm²,下同。

光照和水分条件。光照强度减弱,光合产物明显减少,蕾铃脱落明显增加。反之,棉田种植密度小,通风、透光好,气候条件得到改善,棉株个体发育健壮,单株结铃多,蕾铃脱落少。但若密度过小,公顷总铃数也不可能增多,产量也不会增高。所以,要想每公顷棉花总铃数多,就必须根据地力、气候、生产水平等确定合适的种植密度,发挥个体和群体两个优势,取得最多棉花总铃数,而且还应尽量多地取得产量高、品质好的伏铃和早秋铃。

(2)铃重 铃重即单个棉铃的籽棉重,常以百铃均重或 0.5 kg 籽棉铃均重表示。铃重由铃内种子数、种子重、纤维重构成。铃重与棉花品种、成铃时间和部位、农田气候条件、土肥条件、栽培条件等有密切关系。一般讲,棉花良种的铃较重、霜前花的铃较重、光温充足的铃较重、内围铃较重、中部铃较重、土肥条件好的铃较重、栽培技术水平高的铃较重。当肥水条件基本满足时,热量条件是影响铃重的主要农业气象因素。

(3)衣分 衣分是籽棉轧花后,所得纤维(皮棉)重量占籽棉重量的百分率。目前陆地棉品种的衣分一般为 36%～40%,籽棉重量相同,衣分高的皮棉就多。衣分高低与纤维根数、长度、粗细和种子重量有关,主要决定于品种的遗传特性和纤维发育时的温、光、水、肥等条件。且须注意,铃重和种子重相一致的高衣分是符合高产优质要求的,但因铃重减轻、种子发育不良所得的高衣分是对高产优质不利的。所以,选育良种、提高品种纯度、改善棉田气候条件、加强棉田管理是提高衣分的有效措施。

6. 我国棉花品质的构成

棉花品质的好坏,直接影响棉纱、棉布质量及其经济价值。以前我国只重视纤维长度、色泽等品质,忽视棉花品质其他重要环节,不利于参加国际市场竞争和适应世界棉花产业发展潮流,所以必须全面认识和重视棉花品质的构成。

根据纺织工业对原棉质量的要求,原棉的品质主要由遗传品质、生产品质、产后品质三方面组成。其中,遗传品质是基础,生产品质是保证,产后品质是结果。三方面品质指标必须同步提高。三方面品质的形成都与农业气象条件有着密切的关系。

7. 棉花遗传品质与农业气象条件的关系如何

遗传品质是由品种遗传基因决定的内在品质,主要以纤维长度、强度、整齐度、细度和成熟度等指标来衡量。只有选育和利用符合纺织要求的优质品种,才能保证遗传品质达到要求。

(1)纤维长度 我国陆地棉(又称细绒棉)主体纤维长度为 29~31 mm,海岛棉(又称长绒棉)为 35~38 mm,当纤维长度与其他品质指标相配时,纤维愈长,纱线支数愈高,强度愈大,纤维效率愈高。棉花纤维素合成需要较高的温度,纤维伸长期和充实期分别需要 16 和 20 ℃以上的温度,尤其是夜间温度影响较大,当夜间温度在 21 ℃以上时,纤维能够较快地(约 20 天左右)伸长到品种应有的长度;如果夜间温度低于

20 ℃时,纤维伸长和纤维素沉积缓慢;低于 15 ℃时,纤维伸长和纤维素沉积停止。由于纤维素沉淀需要大量的糖分,所以棉铃生长后期仍需要有利于光合作用的较高的光、温条件,低温、阴雨都不利于纤维的发育。但是,过高温度或干旱也不利于纤维发育,纤维长度会变短。

(2) 纤维强度 棉花纤维强度也称棉花纤维断裂比强度,与成纱强力成显著正相关,纤维强度高则成纱强力大。我国多数棉区棉花纤维强度为 20~28 cm/tex,新疆海岛棉纤维强度为 28~35 cm/tex。纤维强度的增加,也需要较高的光照和温度条件,气温在 20~30 ℃的范围内,温度愈高,纤维加厚愈快,纤维强度愈大。

(3) 纤维细度和成熟度 麦克隆值是衡量棉花纤维细度和成熟度的综合指标,过大过小都会影响纤维的纺纱质量。麦克隆值分为 A,B,C 三级,B 级为标准级。A 级取值范围为 3.7~4.2,品质最好;B 级取值范围为 3.5~3.6 和 4.3~4.9;C 级取值范围为 3.4 及其以下和 5.0 及其以上,品质最差。纤维细度和成熟度好也需要较强的光照、较高的温度等气象条件,有明显的地区性特征,如新疆棉区棉花的麦克隆值较大。

(4) 长度整齐度指数 长度整齐度指数是棉花纤维平均长度和上半部平均长度的比值,用百分率表示,其指标高可提高棉纱均匀度、提高纱线强度、降低纺纱成本。我国棉花长度整齐度在 41%~51%。在高温和干旱条件下,纤维长度有变短的趋势。

此外,还有反映纤维色泽特征指标的反射率和黄度。反射率高纤维洁白,黄度大纤维色差。

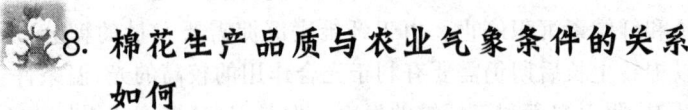8. 棉花生产品质与农业气象条件的关系如何

棉花生产品质主要指标是霜后花和僵瓣（烂）花所占的比例，两者所占比例越小，则棉花的生产品质越高。另外，异性纤维和其他杂质含量也是衡量棉花生产品质的重要指标。生产品质与农业气象条件和管理措施有着密切的关系。

霜后花在我国北方棉区指第一次重霜后5天之后收的花，南方棉区为10月20日后收的花。因为棉花生长后期降温快或初霜（冻）期早导致霜后吐絮。霜后花为品质较差的棉花，因为其棉纤维（包括种子）发育不充分、不成熟，纤维细胞壁薄，纤维较细，强度、成熟度较低。据调查，拔秆后吐絮铃混合纤维强度降低18.5%，麦克隆值下降37.5%，不适合纺织用棉需要。霜后铃重比霜前降低30%～40%，衣分下降5%～10%，减产50%以上，收益减少60%～80%。我国霜后花比重较大的地区主要是黄河、海河流域棉区和西北内陆棉区，霜后花率一般为10%左右，严重年份和地区达20%以上。

僵瓣（烂）花也是发育不良、品质差的棉花。僵瓣（烂）花多是由于多阴雨、温度低、光照少、群体结构不良、严重病虫害造成的。僵瓣（烂）花纤维长度降低15%～25%，纤维强度下降30%～50%，色泽为黄色、褐色或黑色，等级严重下降。僵瓣（烂）花籽棉重减轻40%～50%，衣分降低22%，皮棉减产50%以上，棉农经济损失达80%。我国棉花僵瓣（烂）花所占比例以长江流域棉区较重，为10%～20%，黄河流域棉区为5%～10%。

总的来说，我国棉花生产品质中霜后花和僵瓣（烂）花所

占比例合计高达 20% 左右,对棉花产量、质量、产值影响很大,这是我国当前和今后棉花生产中必须解决的关键问题。

9. 棉花产后品质与农业气象条件的关系如何

产后品质是指采收、包装、加工、储运等环节的质量。棉花品质常因采收不及时,受低温、阴雨、大风等不利气象条件影响而降低,或因处理不当而混进异性纤维"三丝",即化纤丝、头发丝、麻毛杂丝,降低了纱线和纺织品质量。另外,在棉花收购过程中,不同程度地存在混级、混垛、混存、混加工现象,影响了批量原棉纤维的质量。

10. 我国各棉区棉花产量丰歉的农业气象条件是什么

棉花科学试验和生产实践证明,影响我国各棉区棉花产量年际变化的主要环境因子是光、温、水等农业气象因子。根据有关资料对棉花丰、歉年的农业气象因子具体的分析结果如下。

长江流域棉区

棉花丰产:蕾期降水偏少,即蕾期 6 月中下旬降水量小于 71 mm 或同期日照时数大于 114 小时,易高产。

棉花歉产:蕾期 6 月降水量大于 190 mm 或日照时数少于 110 小时;伏旱高温,7—8 月降水量小于 200 mm;9—10 月连续 5 日阴雨出现 2 次以上,气温高于 20 ℃,都易造成严重蕾铃脱落和烂铃而歉收。

黄河流域棉区

棉花丰产:蕾期降水偏多,即6月降水量大于98 mm或7月降水量略少于200 mm;9月平均每天日照时数大于6.5小时;10月≥15 ℃的有效积温大于26 ℃·d;铃、絮期空气干燥度大于2.3,以上情况都易丰产。

棉花歉产:蕾期6月降水量少于30 mm或7—8月降水量大于390 mm;9—10月≥15 ℃有效积温小于18 ℃·d或10月≥10 ℃积温少于400 ℃·d,都易造成歉收。

特早熟棉区

棉花丰产:春季出苗期和秋季铃发育期温度较高,8月中下旬降水量偏少的年份易于丰产。

棉花歉产:春寒或秋凉年份或花期降水量偏多,易造成歉收。

西北内陆棉区

棉花丰产:北疆和河西走廊棉区棉花生长期≥20 ℃日数偏多,东疆吐鲁番棉区5月中旬至6月中旬升温速度快的年份易于丰产。

棉花歉产:秋季降温速度和降温幅度大的年份易造成歉收。

11. 大气中二氧化碳增加、气候变暖对棉花生产的影响及其对策是什么

随着二氧化碳排放量不断增加,大气温室效应加剧,气温也不断上升,因此我国棉产区将会不断北扩。研究表明,年平均气温每上升1 ℃,农业气候带将北移100 km。那么,我国棉区北缘将由现在的辽宁、冀北、晋中、陕北、河西和北疆地

区,向北移200~400 km,至内蒙古、吉林地区。

气温不断上升,棉花霜前花比例将增大,年平均气温每上升1 ℃,无霜期可增加10天,棉花生长季≥10 ℃的积温可增加150~250 ℃·d,从而导致各棉花生态品种种植边界的移动和栽培品种、技术措施的改变,两熟复种和套种的植棉区北界也分别由长江流域和北纬38°以南向北推进至淮河和海河一线;当品种熟性不变时,霜前吐絮棉铃比重增加5%~10%,铃重增加、棉花纤维强和成熟度提高。

随着大气中二氧化碳增加、温度增高,我国降水量和太阳辐射量也会发生变化,我国中、高纬度,即中北部地区降水量将减少,干旱将加重,南方棉区季节性干旱也将频繁发生。与降水量的减少相对应,太阳辐射量会有所增加,这对提高棉花产量、质量有利。

大气中二氧化碳的增加,可以提高棉花光合作用强度,有利于光合产物干物质的积累,增加铃重,提高棉花产量和纤维品质。

综上所述,随着大气中二氧化碳浓度增加、温度升高,一般讲对扩大棉区和棉花生长发育、产量、品质形成有利,但温度升高、蒸发和蒸腾加剧,降水减少、干旱加重,又对棉花生长发育、产量、品质形成不利,故有灌水条件的地区,可大力发展棉花种植,灌水条件差的地区,要谨慎和适度发展棉花种植。

12. 陆地棉分类指标和所需的农业气象条件是什么

我国棉花气候生态品种有陆地棉和海岛棉两种类型,以陆地棉为主。陆地棉按熟性、抗逆性、品质又可分为不同的类型。

(1) 按熟性分类 熟性是品种生态适应性的一项重要指标。品种熟性划分的基本依据是取得霜前花所需的≥15℃积温数值,以保证达到足够的成熟度。不同类型棉花品种,从播种到初霜所需的≥15℃积温数值差异较大,如晚熟品种需≥15℃积温4 500 ℃·d以上,早熟品种只需要3 000～3 600 ℃·d,相差900～1 500 ℃·d。品种熟性指标有以下三种表示方法。

①生育期。棉花生育期就是从棉花出苗到棉田50%棉株吐絮的天数。可用生育期的长短表示熟性的差异,进行品种划分。早熟短季品种生育期为120天以内、早中熟品种生育期为120～135天、中熟品种为135～145天、晚熟品种为145～150天。

②霜前花率(%)。霜前花在我国北方棉区指第一次重霜后5天之前收的花,南方棉区为10月20日前收的花。从生产需求方面讲,把霜前花率作为品种熟性的指标更为合适。一般以霜前花率达85%为早熟种,达70%～85%为中熟种,达70%～60%为中晚熟种,60%以下为晚熟种。

③果枝始节。用果枝始节位作为品种熟性指标,如果果枝始节出现在第4～5个节位为早熟短绒棉,出现在第5～6个节位为早中熟品种,出现在第7个节位以上为中熟或中晚熟品种。

棉花品种熟性指标在不断地发展。耕作制度的改革和棉区的西移、北扩,对我国棉花品种的熟性提出了新的要求。例如,把早春套种品种的生育期减少到125天左右,成为晚春套品种,同时保持早春套品种的产量水平;把晚春套品种的生育期减少到115天左右,以适应麦田套种或麦后移栽,还能保持春套品种的产量水平;把麦套短季棉品种的生育期减少到100天以内,同时保持现有产量水平,以适应麦后直播的需要。

(2)按抗逆性分 可分为抗病品种、抗虫品种、抗旱或抗涝品种、耐盐碱品种、抗高温或抗低温品种等。

(3)按杂种优势分 有杂交棉。

(4)按纤维和种子品质类型分 可分为长绒棉、彩色棉、高比强棉、中长绒棉、低酚棉、有机棉。

13. 什么是棉花良种,其特性和标准是什么

棉花良种即棉花的优良品种,具有高产性、优质性、稳产性、抗逆性、早熟性、优播性。棉花良种包括优良品种和优质种子两部分。

棉花良种有以下特性和标准。

(1)高产性 根据国家新品种审定标准,棉花良种要求比一般对照品种增产8%～10%,杂交棉应增产15%以上。具有特殊优异性状品种,如高抗病、优纤维、耐旱碱等,产量与对照品种相当,也可通过品种鉴定。

(2)优质性 根据国际纤维品质900系列测试标准和最新的HVI标准,纺粗支纱(32支或以下)的中短绒纤维长度为25～27 mm,要求纤维强度为28.0～30.8 cN/tex,麦克隆值为4.2～5.2,其需要量约占总用棉量的15%;纺中支纱(32～60支)的中绒纤维长度为28～30 mm,要求纤维强度为30.8～33.6 cN/tex,麦克隆值为3.8～4.9,需要量约占总用棉量的75%;纺高支纱(60支以上)的中长绒纤维长度为31～33 mm,要求纤维强度为33.6～37.0 cN/tex,麦克隆值为

3.6~4.5;长绒纤维长度在 34 mm 以上,要求纤维强度为 37.0~38.8 cN/tex,麦克隆值为 3~3.9,需要量约占总用棉量的 10%。我国中绒棉品种占 80% 以上,中短绒和中长绒品种十分缺乏,而这类品种市场需求量很大,因此我国棉花品种结构急需进行调整。

(3)稳产性 在区域试验和生产试验中,在多数试点棉花良种都能增产,且在不同试验年份、不同生态气候环境下增产趋势基本一致,表现出适应性强、应用范围广、增产性能稳定。

(4)抗逆性 是具有较强的抗(耐)旱、涝、低温、霜冻、盐碱、病虫等灾害的能力,在受灾时比一般品种受害轻。

(5)早熟性 为了高产优质而提高复种指数和间作套种,往往会使热量资源相对不足,需要棉花品种具有早熟性。如黄河流域,棉花间作套种面积占 70%,春套棉田要求棉花品种生育期 130 天左右,霜前花率在 85% 以上,麦后直播棉田要求棉花品种生育期在 105 天以内。西北内陆棉区,前期温度低,后期降温快,也要求提高棉花品种的早熟性。

14. 不同气候生态区棉花引种的农业气象条件和技术措施如何

棉花引种是指生产性引种,即从外地或外国引入能供当地推广种植的优良棉花品种。引种是调剂种子的一种有效手段,比亲自育种具有简便易行、见效快、更节省的优点。

不同气候生态区是指光照、温度、降水、农业气象灾害、地形、土壤等条件不同的植棉区。一般来说,在黄河流域和长江流域棉区,同一棉区内相互引种容易成功;在西北内陆棉区,由于南北和东西气候差异大,互相引种风险较大;地理纬度相同或相近的地区相互引种容易成功。

从高纬度地区向低纬度地区引种,即由低温、少雨、长日照地区向高温、多雨、短日照地区引种,即北种南引(如长江流域棉区从黄河流域棉区引种),生育期一般缩短,容易引起早衰、减产,要引种也必须选中熟或中晚熟类型品种;黄河流域棉区从更北部的特早熟棉区引种,生育期也会缩短,但可提高短季棉的早熟性。从低纬度地区向高纬度地区引种,即南种北引,生育期一般会延长,容易引起迟熟或不能正常开花成熟而减产或绝产,如确需南种北引(如从长江流域棉区向黄河流域棉区引种),则必须是中早熟或中熟类型品种,目前最远也只引种到黄淮平原。北种西引,如西北内陆棉区从黄河流域棉区引种,生育期一般延长7~10天,必须引进中早熟类型品种,北疆必须引进短季棉品种。

15. 棉花引种要注意哪些问题

(1)在枯萎病和黄萎病发生严重的地区,一定要引进抗病品种。虫害发生严重的地区要引进抗虫品种。

(2)引进品种必须通过相应的审定程序,即通过引入省或引入棉区审定或认定。按审定所明确的适应地区引种,不能随便引种。如适合黄河流域种植的品种,不可随意引入长江流域种植。

(3)引种要把好种子质量关,要注意引进品种的纯度、健子率、水分含量、残酸含量等技术指标。引入后尽快做发芽试验,把问题解决在播种前。

(4)防止品种混杂,防止中熟和中早熟类型品种在夏季播种。

16. 棉花成功引种的原则是什么

(1)试验优先的原则 即引进新品种必须先试验,试验成功后再示范,最后再推广。

(2)因地制宜原则 即首先考虑品种的生态适应性,其次考虑种植制度和具体栽培条件是否一致。

(3)良种良法引种栽培原则 引进良种后,还要有良法科学配套,尽快研究出关键的栽培技术措施,才能保证良种发挥优势效应。

17. 我国干旱灾害对棉花生产的危害情况如何

干旱灾害是我国棉花生产中最为常见的一种农业气象灾害,我国大部棉区特别是北方棉区,有"十年九春旱"的说法,秋旱也经常发生,夏旱较少。冬、春干旱主要影响棉花播种、出苗和苗期生长,夏、秋干旱会严重影响棉花开花、结铃,易引起蕾铃脱落,后期干旱会影响铃重和纤维品质,造成减产和降低质量。一般干旱的年份棉花可能减产 10%～20%,严重时减产可达 30% 以上。所以,积极采取防旱、抗旱措施,对夺取棉花的高产、稳产、优质、高效具有重要意义。

18. 我国棉花生产中有哪些有效抗旱播种技术措施

(1)抢墒播种 春季在临近棉花适宜播种期时,如果土壤墒情迅速变差,且无灌水条件,天气预报近期又无明显降水,则应抢墒早播,农谚中也有"抢墒不等时"的说法。如在春旱春播期间遇有小雨,则应趁雨后土壤潮湿时立即抢墒播种。

(2) **去干种湿** 即推去上层干土,在下层潮湿土中播种。

(3) **借墒播种** 即开穴点播下种后,用下一穴的湿土覆盖这一穴的种子,循环往复,促进出苗。

(4) **起垄播种** 即在耕翻平整土地后,趁墒培成高 20 cm 左右的土垄,棉花播种时先把垄上干土推到垄间,再在湿润土中播种。

(5) **浸种催芽播种** 经过浸种催芽的棉种,在较短的时间内、较低的土壤湿度条件下,吸收较少的水分就能发芽出苗。

(6) **用包衣种子播种** 用抗旱剂、保水剂包衣的棉种,播种后能从墒情较差的土壤中吸收并蓄存较多的水分供种子吸收,促进种子发芽、出苗。

(7) **保墒、接墒播种** 播种后适时、适度镇压和耱拖,能够踏实土壤,使土壤与种子密接,增强土壤毛细管吸水作用,利于下层土壤水分上移和减少地表土壤水分蒸发,有利于种子吸水发芽、出苗。

(8) **水种包包播种** 即点水播种后,迅速在种子上培起一个高约 10 cm 的小土包,用小土包保住种子周围土壤的水分,能够较长时间供种子吸收,促进种子发芽、出苗。待种子发芽顶土时,再将上面的土扒去即可。

(9) **带水点种** 就是在棉花开穴播种后,在播种穴内浇水,接着盖膜或盖土保墒,以利于种子发芽、出苗。

(10) **节水渗灌** 即播种后在播种行铺设带有小孔的塑料管,管中通水,使水慢慢渗透湿润种子周围的土层,待土壤全湿透后收去塑料管,并盖地膜保墒,以促进出苗。这种方法可有效节约用水,提高水的利用率。

19. 我国大田棉花抗旱技术措施有哪些

棉田保墒抗旱技术措施

(1)秋、冬或早春深耕、深翻土地 疏松的土壤可多接纳和蓄存大气降水、地表灌水,保持并提供较充足的棉田底墒。

(2)精细耙耱、平整土地 耙碎、耙实、耱平上层土壤,切断表层并接通下层土壤毛细管,减少地表土壤水分蒸发并促进下层土壤水分上移,保持较好的土壤墒情。

(3)适时、适度中耕松土 棉花播种前,对棉田要浅锄中耕,以破除板结、去杂草、增温、保墒、压碱。棉花出苗前后,应进行一次浅中耕,以松土、增温、保墒,促进棉花早出苗,争取齐苗、壮苗。棉花现蕾期要进行一次深度约 10～12 cm 的中耕,促根深扎,以增蕾保铃。花铃期要进行一次深中耕,深度约 12～14 cm,主要是切断上层部分根系,保持下层土壤水分,防止棉花疯长和早衰。

(4)地面覆盖保墒 包括地膜覆盖棉田保墒和秸秆覆盖、砂石覆盖保墒等。地膜覆盖棉田,能有效地减少地表土壤水分蒸发,保住下层土壤水分,而且能使深层土壤水分上移集聚,具有提墒作用,满足棉花生长发育对水分需求,有显著的增产效果。为提高抗旱保墒效果,要求地膜覆盖度要大,双行根区覆盖和宽膜覆盖较好,要把放苗孔和地膜用土压实,防风揭膜,减少蒸发。秸秆覆盖棉田也有明显的减少土壤蒸发和保墒、提墒的作用,而且秸秆还田还有提高土壤肥力的效果。秸秆主要包括麦秸、麦糠、玉米秸等,每亩用量 250～500 kg,以铺匀、铺满地面为宜。在有砂石条件的地区,用砂石覆盖棉田,也有明显的保墒、增产效果。

灌水抗旱技术措施

(1)大力发展引水灌溉 我国棉田引水灌溉的主要水源包括江水、河水、湖水、库水、塘水、井水、冰川雪山融水等。我国长江流域棉区,主要是引江水灌溉棉田,黄淮海流域棉区,主要引黄河、淮河、海河水灌溉棉田。黄河流域、华北平原等地下水资源丰富地区,还靠提取井水灌溉棉田。近湖、水库、塘坝地区主要靠引湖水、库水、塘水灌溉棉田。新疆等地区,主要靠冰川、雪山融水灌溉棉田。

我国是一个水资源相对贫乏的国家,多数棉区水资源不足,灌水资源缺乏。所以,必须大力开发水源,国家大搞南水北调工程,引长江水支援北方地区抗旱,同时也大力发展引黄灌溉,大建水库、塘坝、机井,大兴封山、育林、草原,大兴农田水利工程,加强地下水资源的勘测和开发利用,以蓄水、引水防旱、抗旱。大力"开源节流",尽量扩大灌溉水源,节水灌溉,减少水分损失和水资源浪费。

(2)棉花引水灌溉的原则 判断棉田是否灌溉必须以土壤含水量为依据,以棉株的生长形态和气象指标为参考,即在棉田 0~60 cm 土层土壤含水量低于田间持水量的 60% 至接近凋萎湿度,棉株叶片开始呈现一定的干旱现象,气象预报近期又无有效降水时,及时进行棉田灌水。既要防止贻误抗旱灌水时机,加重棉株受旱程度,又要防止盲目灌水,造成抗旱灌水与降水重叠,造成水资源浪费,甚至造成棉田积水受涝、受渍等现象发生。

(3)棉田抗旱灌水要把握适宜时机 不宜在白天强光、高温时段进行灌溉,一般以傍晚 5 时后灌溉为宜。高温季节以傍晚 7 时后灌水为宜,因为强光、高温时段灌水,会引起棉田温度骤降,棉田小气候突变,棉株不相适应而加重蕾铃脱落。

(4)棉田抗旱灌水方法 应坚持沟灌,最好是采用喷灌、滴灌和润灌方法。切忌大水漫灌,杜绝长时间灌水泡田现象,确保节水和灌水抗旱的效果。每次灌水量以保证能湿润棉花根系分布土层,满足棉株生育需水为标准。一般苗、蕾期要浸透 40~60 cm 土层,每亩需要灌水量 40~50 m³;花铃期要浸透 60~80 cm 土层,每亩需要灌水量 50~60 m³;吐絮期要浸透 50~60 cm 土层,每亩需要灌水量 40 m³。灌水量宜小不宜大,因为棉花是比较耐旱的作物,灌水过多会引起棉花疯长,使棉田郁闭、通风和透光不良,蕾铃脱落加重,后期易造成贪青晚熟。采用喷灌、滴灌和润灌方法,不仅能浇得透、湿得匀,而且能显著节约用水,提高水资源利用率和水的产能效率。一般比普通灌水的抗旱效果提高 20% 以上。

人工增雨抗旱技术措施

上述灌水抗旱技术措施的前提是必须有水可灌。实际上我国水资源十分缺乏,常常是无水可灌,而且地上、地下水资源又主要来自大气降水。所以,增加大气降水是解决灌溉水源的根本途径和措施。但是我国大气降水年际和季节变化很大,特别是春季、初夏正是棉花等春播作物播种和苗期生长需水关键期,恰巧也是我国多数地区大气降水偏少的干旱期。因此,积极开展人工增雨的研究和作业实践是十分必要和十分迫切的。

20. 我国棉花渍涝灾害的成因、发生特点及灾害类型有哪些

棉花渍涝灾害是我国多数棉区频发的季节性的严重农业

气象灾害,轻则造成棉花大幅度减产,重则绝收。棉花渍涝灾害的产生往往是受副热带高压北进的影响,在高压前沿的暖湿气流与北方南下的冷空气相遇,形成大雨和暴雨,或者因台风暴雨在短时间内的大量降水所形成的地面积水和地表径流淹没棉田;或者江河泛滥淹没棉田,淹死棉株;或者因棉田长期积水、土壤过湿受渍,严重缺氧,棉株正常生理机能被破坏而窒息死亡,造成严重减产以至绝收。

我国渍涝灾害发生的时间往往与雨季来临相一致,在长江中下游和淮河流域多发生在5—7月份,黄河流域多发生在7—8月份,通常是随副热带高压前沿北移,自南向北、自西向东扩展。此时棉花正处于现蕾和开花结铃期,是棉花生长发育和产量、品质形成的关键时期,发生渍涝灾害会对棉花造成严重危害。

棉花受灾时所处的生育期、浸水深度、"死水"或"活水"和持续时间等不同,棉花受渍涝危害的程度也轻重不同,基本上可分为以下几种类型:

(1)短暂受涝型 此种涝型,棉花淹水时间一般在10小时左右,最长不超过24小时;及时排水后,棉株呈轻度萎蔫,若遇高温天气也可形成严重萎蔫,下部果枝下垂,棉花幼蕾脱落,叶片发黄;田间基本无死苗。这种灾型的受灾棉花,灾后恢复生长发育较快,如果管理及时、措施得力,可基本不减产。

(2)轻度受涝型 棉花持续受淹1~2天,但积水没有淹没整个棉株,或较长时间受渍,会造成棉花蕾、花、叶严重脱落,田间有轻度死苗现象。及时排水后,加强管理,棉花也能较快恢复生长,会造成轻度减产,减产率一般小于20%。

(3)重度受涝型 棉田积水达到40~50 cm,持续2~3天,有70%以上的棉株淹没顶部;排水后棉株顶心不死,可造成多数蕾、花、叶脱落;田间死苗率可达 20% 左右。一般排水 3 天后,侧芽及上部枝叶开始恢复生长。在管理及时的情况下,一般减产 30%～40%。

(4)严重受涝型　积水淹没整个棉田植株,且连续受淹超过 4～5 天,则棉花处于死亡临界期。排水后棉花出现假死现象,80% 的棉株顶心死亡,叶、花、蕾绝大部分脱落,根系发黑,棉株死亡率达 50% 以上。此种灾型,在棉田排水 6 天左右,幸存的棉株开始长出新的侧芽和果枝,根部开始长出发白嫩根,但恢复生长很难、很慢,会造成 60% 以上减产。

(5)绝收受涝型　棉田棉株淹没 5 天以上,在排水 7 天后棉田棉株全部死亡、茎叶腐烂,造成绝收。

21. 棉花受渍涝灾害后有哪些生育特点,恢复能力如何

(1)棉花受渍涝灾害后的生育特点　受淹棉株果枝会出现多极化现象,果枝生长点分化叶枝芽,上部果枝节生长迅速,果节增加,利于上部现蕾结桃,果枝日增高峰一般出现在排水后 20 天左右。短暂受涝型棉株排水后 40 天左右蕾数增长达到高峰;重度受涝型棉株则蕾数增长高峰向后推迟,有相当一部分花蕾不能发育成铃;严重受涝型棉株,只有少部分棉株生存,缓慢恢复生长,只有很少数棉株能够开花结铃。

(2)棉花受渍涝灾害后的恢复能力　受淹或受渍涝棉花,都具有较强的再生能力,只要棉株根系仍有活力,果枝的生命力不会丧失,排水 15 天后,果枝顶芽仍可重新长出新芽,形成果枝,并能现蕾、开花、结铃,只是开花结铃期推迟,铃数减少。短暂受涝型棉株排水后出现轻度萎蔫,遇高温天气萎蔫加重。

灾后棉株一般恢复较快,若能加强棉田施肥、中耕、整枝管理,淹水发枯的果枝 40 天后仍能恢复生长,并开花、结铃。一般来讲,如果是过路水,水中含有一定氧气,受淹棉株心叶在水面,棉株一般不会致死。

22. 棉田受渍涝灾害后的管理和补救措施有哪些

对受渍涝灾害后棉田的管理和补救措施要科学决策,对于短暂受涝型、轻度受涝型、重度受涝型棉田,要树立抗灾信心,及时抢救,加强管理,力争大灾之年不减产或少减产。对于严重受涝型棉田,不要急于毁种,如果受涝时间较早,应及早采取补救措施,促其尽早恢复生机,争取早结和多结一些棉铃,仍会取得一定的收成。对绝收受涝型棉田,应果断地迅速改种其他接替作物。棉田受涝渍灾害后的具体补救和管理技术措施有以下要点。

(1)抢排积水,突击扶理 由于棉花受淹时间越长受害越重,所以棉田受淹后第一要务就是尽快排净棉田积水。实践证明,灾后及时排水的棉田要比自然退水棉田增产皮棉 30%左右。棉花受淹后往往造成棉株倒伏,排水后趁地湿需尽快扶理棉株,要轻扶、巧扶、顺行扶,切忌硬扶,以免伤根折茎;要顺着棉株倒伏的方向下田,轻轻将棉株扶起理正,然后壅土护根、固株。

(2)清沟中耕,降渍促根 要及时清理"四沟"(排水沟、围沟、腰沟和厢沟),以排渍沥水;及时中耕 2～3 次,破除板结,松土、除草,中耕松土宜浅锄保根,以防伤根过多,影响恢复生长;结合中耕为棉根培土,以利散墒通气,促进新根生长和地上部棉株恢复生长。一般中耕培土3次,由浅逐渐加深,培土逐次加高到13 cm左右为宜。

(3) 叶面"两喷",防病促长　排水后要立即进行叶面"两喷",一是喷清水,及时喷清水洗掉被淹棉株上的污泥,尽快促进棉叶进行正常的呼吸和光合作用;二是抢喷1~2次杀菌剂和促长型生长调节剂,如棉花专用增长剂或复硝甲等。涝后叶面"两喷"能起到防止病害蔓延和促进棉株早发快长的作用。

(4) 上喷下追,水伤肥补　受涝棉田养分淋溶流失严重,根系受伤,吸肥能力下降,应及时采取"水伤肥补"措施,即叶面喷肥与根外追肥双管齐下。一般叶面喷肥可用2%尿素、0.2%磷酸二氢钾、多元微肥与生长调节剂混合液,每隔3天喷一次,一般喷3~4次即可,根据受害程度可酌情增减。生长调节剂可用棉花专用增长剂,每亩用量为10 g,3 000倍稀释后喷施为宜。也可选用复硝甲,但要掌握好用量。追肥要早,每亩可施5~8 kg尿素。还应重施棉花盖顶肥,每亩可施碳铵20 kg、尿素10 kg,一次施足为宜。试验表明,重施盖顶肥可比减半轻施增产皮棉7.7%。

(5) 灵活化控,抢摘黄铃　对严重受涝棉田,抓紧喷施1~2次增长素或复硝甲等,促进棉花地下及地上部生长,喷比不喷的新生侧根可早出2~4天,侧根数多13.7条,新叶出和平展提早1~3天,棉花因强蒸腾出现萎蔫的时间晚1~2小时;对受涝灾较轻、棉花长势较旺的棉田,则应喷施缩节安协调生长,防旺控疯。由于受涝后烂铃增加,应及时抢摘黄铃、烂铃,并及时晾晒,剥去铃壳,防止霉烂。如遇阴雨天气,可用乙烯利催熟,其方法是每50 kg黄铃用0.2 kg 40%的乙烯利加水2.5 kg喷洒后堆闷4~5小时,然后摊开晾干,等棉铃开裂吐絮后采收。

(6) 推迟打顶,精细摘心 由于受涝棉花生育进程推迟,打顶时间也应适当推迟,一般比常规打顶时间推迟5～7天。各地实践证明,棉花受灾后打顶时间最迟也不要迟于8月10日。因为打顶过晚会使营养生长向生殖生长转移过迟,营养生长过旺而造成蕾铃脱落增加,铃重降低。打顶时要注意只摘心不带叶,力争多留果枝。

(7) 适度封顶,增铃增重 打顶一周后,每亩用2～3g缩节安封顶,营养生长过旺和密度较大的棉田,每亩用量可酌情增加到3g左右。调查发现,适度控制封顶的棉株,上部果枝平均单株成铃2.3个,比不封顶和重封顶的多结铃0.6～0.9个,单铃重比不封顶的重0.11g。

(8) 喷乙烯利,促进早熟 黄淮棉区由于受涝灾棉田棉花生育期和打顶时间推迟,且成铃主要是上部早秋桃和晚秋桃为主,故应在10月5日前后喷洒催熟剂乙烯利,促进棉铃早熟,增加霜前花率和产量。

(9) 因灾制宜,改种补种 涝灾后,针对部分棉田棉株死亡和严重缺株的情况,为了充分利用光能和土地资源,弥补灾害损失,必须抢时间在有效生长季节内改种、补种早秋作物或蔬菜。对于必须毁种的棉田,7月20日前,南方可改种特早熟水稻品种;北方可改种特早熟玉米、甘薯、荞麦、绿豆、土豆、大白菜等。7月20日后,南、北方都可改种绿豆、秋甘薯、荞麦、白菜、菠菜等早熟作物,仍能取得一定的收成。对于缺株棉田应以保棉为主,可根据不同缺苗程度,插种、间套种绿豆、蔬菜等作物,以增加收入。

23. 我国冰雹大风灾害对棉花生产的危害情况如何

在棉花生长季节,由于有北方的强冷气团南下与南方北上的强盛暖湿气团相碰撞,造成上下冷暖空气强烈对流、湿空气剧烈抬升凝结形成冰雹云,或因地面光秃、裸露、沙化的丘陵起伏地形在烈日照射下造成地面强烈增温,形成较大范围的地面暖湿气团,当遇冷气团南下时,也会造成强烈的对流,形成较强的对流云体——冰雹云。这些较强的冷暖气团和地面强烈增温较多出现在春季和春、夏交替时机,其次是夏、秋交替时期。据气象部门的观测和农业气候资料统计,我国主要棉区发生雹灾的时期也反映出这一特点。在秦岭、淮河以南的长江流域棉区,冰雹灾害主要发生在 4 月份以前,4—5 月份冰雹灾害由南向北扩展,5 月底至 6 月份是北方棉区雹灾范围最广、冰雹日数最多的时期,此时正是棉花蕾期或初花期,雹灾对棉花生长发育造成严重危害。6 月份以后,雹灾则主要发生在北纬 35°以北地区,对棉花生产危害相对减小。

单次雹灾出现的范围较小,时间很短,但来势猛、强度大,且常伴有狂风暴雨,对棉花等作物危害极大,轻则减产,重则绝收。我国冰雹大风灾害危害区域很广,主产棉区经常遭受不同程度的风雹灾害。

24. 棉花雹灾的程度等级如何划分

冰雹的发生常呈区域带状分布,波及范围几千米至几十千米不等,由于降雹密度、降雹时间、雹块大小等不同,棉花受损伤的程度也不相同,大致可分以下几种类型。

(1)轻雹伤型 棉株断头率低于20%,主茎破叶率低于30%,花蕾脱落不严重。若处于盛花期以前,能快速恢复生长。减产较轻,一般不超过10%。

(2)重雹伤型 棉株断头率在50%左右,果枝断枝率达30%以上,多数棉叶、花蕾脱落。生育期若处于初花期前后,灾后若及时采取有效措施,使受害棉株迅速恢复生长发育,仍可取得50%以上的棉花产量。一般减产30%～40%。

(3)极重雹伤型 主茎生长点、果枝、花蕾、叶片均被打落,成为光秆,但主茎韧皮部、果枝或果节的腋芽仍幸存,则仍可发芽。在有效蕾期内仍可生长出一定数量的果枝和花蕾,只要精心管理,仍可取得一定的收成。减产率在50%以上。

(4)毁种雹伤型 由于降雹密度大、雹块大、降雹时间长,棉株绝大多数被砸烂,茎皮破裂,不能恢复生长,必须立即毁种其他作物。

25. 棉花遭受雹灾后的生长发育特点和减灾、防灾技术措施是什么

棉花受雹灾后的生长发育特点

(1)具有较强的自我调节能力 棉花主茎被打断后,如及时改善温度、光照、水分和养分条件,靠棉花本身的再生能力与补偿作用能较快地恢复生长。上部果枝腋芽迅速形成叶枝,并代替主茎成为新的生长中心,而下部果枝腋芽生成弱势叶枝。不同部位的叶枝成铃率有所不同,从顶部向下随节位下降成铃数明显减少,新生叶枝成为新的生长中心,成铃数反高于果枝。但棉株断头后分枝数显著减少。

(2)成铃高峰期推迟或不明显,单株成铃数减少 受灾棉株如果生长点未断,仅果枝、叶片被打断、打落,则蕾铃脱落增加,成铃高峰期推迟10天左右,单株成铃较正常棉株少3~4个。如棉株主茎被打断,则成铃高峰不明显,峰值低。单株成铃只有12.5个,比正常棉株少10.1个,较未断头棉株少5.2个。

棉田受雹灾后的减灾技术措施

遭受雹灾后要迅速确定受灾棉田是否需要毁种。一般来讲,轻雹伤型和重雹伤型棉田,要及时加强田间管理,争取不减产或少减产。对极重雹伤型棉田,要视受灾时间而定,如果受灾时间不超过有效花蕾期,加强管理仍能争取到一定的有效花蕾就不要毁种,否则即可毁种。对毁种雹伤型棉田,要及时改种生育期合适的作物,争取较多收成。对不毁种棉田可根据受灾情况采用以下补救措施。

(1)中耕培土促早发 棉田受雹灾后表土板结,土温下降,应迅速排水降渍,分别于雹灾发生3天和10天后进行2次深中耕和细中耕,协调土壤温度、水分、空气,增强根系活力。及时扶株培土,促棉株尽快恢复生长,增加蕾铃,减少脱落。

(2)追肥补伤促壮苗 在雹灾发生后可单用2%尿素溶液或加高效液肥和3 000倍稀释的增长剂进行叶面喷施,弥补根系受伤、茎叶受损对养分吸收的不足,加快植株生育进程。同时区别受灾时间,及时追施灾后恢复肥,苗蕾期可每亩追施15~20 kg复合肥或磷酸二铵,促早发棵;花铃期每亩追施8~15 kg尿素,促早恢复,提高成铃数和铃重,弥补灾害损失。

(3)科学整枝 据观察,主茎断头棉株,子叶节以上叶腋中的赘芽经20天左右就能长成4片叶以上的完整叶枝,形成五股六杈的多头棉,在叶枝4片叶前,无论有多少嫩枝均需保留,以利于光合作用和干物质的积累,利于早现蕾、早开花、早结铃。7月上旬当新头长到5~6片叶后整枝,只留2~3个长势强的枝头,留上不留下,留大不留小。主茎未断棉株,在果枝头被打断较少的情况下,打顶时间可较正常棉株略迟1~2天;如果果枝断头比较严重,则应适当推迟打顶时间3~5天,以增加1~2个果枝,争取上部成铃,仍应及时抹去赘芽,保持果枝优势,并在有头棉株旁缺苗方向保留1~2个果枝,以弥补由于缺苗、密度不足造成的减产。

(4)防治病虫害保成铃 棉花恢复生长后,伏蚜和棉铃虫为害严重,应及时进行病虫害的综合防治。

(5)根外喷肥防早衰 受灾后由于棉株根系受损,易发生早衰,可在花铃期用0.5%的磷酸二氢钾和2%的尿素溶液叶面喷施,也可与高效液肥、多氨液肥等叶面营养肥料混合施用,防止早衰。

(6)喷乙烯利促早熟 受灾棉花生育期推迟,棉铃晚熟,故应于10月5日前后,每亩用40%的乙烯利100~150 g,兑水40 L进行叶面喷施,以促早熟、早吐絮。

经常受雹灾棉区应积极开展人工防雹和雹灾保险工作

我国黄淮海地区是冰雹灾害的多发区,常对棉花、小麦等农作物造成严重危害。几十年来,我国多个地区都开展过人工防雹作业实践,取得了显著的防雹效果,减轻了雹灾损失,积累了一定的经验。

人工防雹主要是用火箭、高炮向冰雹云发射火箭、炮弹,根据催化、爆炸原理使冰雹云内的水分不能形成冰雹,提前形成降水降落至地面。由于棉花生长季发生的冰雹云云顶高度、云内负温层高度一般比早先发生的冰雹云更高,所以要求高炮、火箭等防雹武器发射的高度更高,对发射时机、目标部位、剂量要求更严,防雹难度更大。同时,为了保障棉花的丰产、丰收,还要积极开展棉田雹灾保险工作,以减少农民受灾损失。

26. 低温霜冻灾害对我国棉花生产的危害情况如何

我国棉花不同生育期遭受低温霜冻危害的指标、症状、程度、类型、频率不同。

(1)棉花育苗期间的低温霜冻危害 3—4月份是我国大部棉区棉花育苗期,由于北方冷气团势力仍较强大,经常会出现低温冷冻或低温阴雨天气,造成温度回升缓慢,势必推迟棉花育苗播种期,不能保证适期播种,也会造成出苗、移栽期的推迟。如果盲目早播,就会发生烂种,加重苗期炭疽病、立枯病为害,造成大量死苗。如育苗后期出现晚霜冻,当最低气温接近或低于0℃时,就会使棉苗受害。所以,在育苗时必须灵活掌握播种期,最好根据气象部门发出的棉花适宜播种期预报选定具体播期。

(2)棉花出苗或育苗移栽后至现蕾期的低温冻害 该时段如果出现较长时间的低温(低于15 ℃)、阴雨天气,也会造成棉花滞长迟发,对棉花生长发育造成严重影响。如果苗期出现最低气温低于1～2 ℃,叶面最低温度—1～—2 ℃的低温时,则棉苗会遭受冻害。1992和1995年,黄淮海棉区就是由于苗期低温、干旱的影响造成了大面积棉花的弱苗、迟发和晚熟。棉花苗期低温还会加重棉花苗病的发生和发展,主要是炭疽病和立枯病。

(3)棉花生育后期低温冻害　棉花生育后期也常因较早出现早(初)霜冻(最低气温骤降至 0 ℃或更低)使棉花受害,影响棉花的正常生长发育,造成棉花的贪青晚熟、铃重减轻、衣分减少、烂铃增加和吐絮推迟。

27. 棉花生产中抵御低温霜冻危害的对策和技术措施有哪些

(1)调整棉花布局,建设稳产高产棉田　调整棉田布局,即将地势低洼易受低温、渍涝灾害的棉田和棉区,调整到地势较高、适于植棉的田块和区域,结合农业综合开发,改造中低产棉田,建成低温、旱、涝保收的稳产、高产棉田。

(2)实行覆盖植棉技术,促进棉花早发、高产　地膜覆盖直播或地膜覆盖营养钵育苗、地膜覆盖移栽(即双膜棉)等覆盖植棉技术,可显著提高棉田温度、湿度,抑制返碱,改善棉田小气候条件,是抗御低温、霜冻、干旱、盐碱等灾害的有效措施,可促进棉花早发、高产、稳产。此外,对不能实施盖膜的棉田,播后覆盖农家肥、碎秸秆和麦稻草等也可起到增温、保墒、压碱、增肥的作用,保护和促进种子发芽出苗和幼苗生长。

(3)采取综合措施,提高抗灾能力

①选用抗逆性强的棉花品种。要求株型略紧,叶片中等,中熟或中早熟,抗低温、抗病虫等抗逆性强。

②改革种植制度,增加棉田密度。推广标准 4-2 式和 3-2 式种植方式(图1、图2),改善棉田小气候条件,提高对灾害的抗性和适应能力。

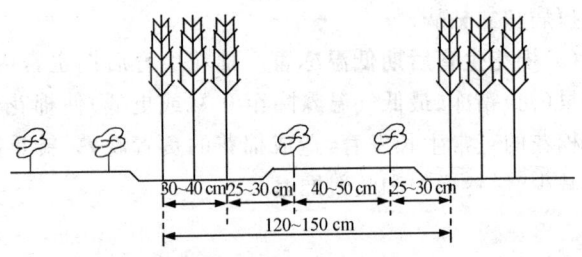

图1 "三二式"麦、棉套作种植方式示意图

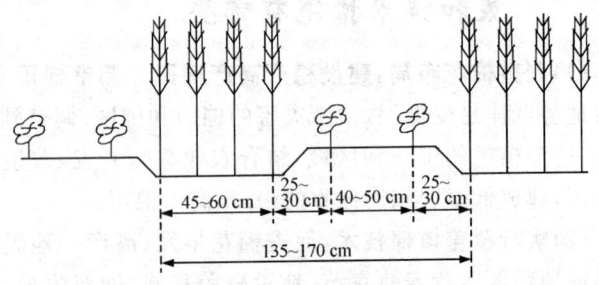

图2 "四二式"麦棉配置示意图

③全面提高化调水平。控制棉花旺长和棉株高度,实现棉花株矮节密,提高棉株自身抗低温等抗灾能力,促控结合,实现两熟棉田三桃(伏前桃、伏桃和秋桃)齐结,促早发、早熟,避开低温和早霜冻的危害。

④推行科学配方施肥。增施农家肥和磷钾肥,叶面喷施微肥和植物生长调节剂,防止棉花早衰,提高棉株机体抵抗低温灾害的能力。

⑤科学防治棉花病虫害。重点防治黄萎病、枯萎病和棉蚜、棉铃虫,以提高棉花个体素质和抗低温及其他灾害的能力。

28. 我国各棉区如何选定适宜的棉花品种

不同棉区应根据本地的气候生态条件、耕作栽培技术水平及国家对原棉的需求等,选用适应本地区特点的棉花良种,进行良种合理布局,既能发挥良种本身的增产作用,又能挖掘当地农业气候资源和生态条件的生产潜力,获得最佳的产量、品质和最大的经济效益。通过科学试验和分析研究,我国不同棉区适宜选用的棉花品种类型如下。

黄河流域棉区

目前这一棉区的棉田面积和产量分别约占全国的44%和42%,是我国最主要的棉花生产基地。它位于我国中北部平原上,主要集中在太行山山前平原和黄淮海平原,分布在黄河中下游和淮河、海河两岸冲积平原上,包括京、津郊区,冀、鲁全省,豫、晋、陕大部,以及苏北、皖北大部平原地区。

(1)黄淮平原地区 该区主要包括苏北、皖北、豫东南、鲁西南、陕南等地。该地区无霜期210~220天,年降水量800 mm左右,年日照时数2 400~2 610小时,光、热、降水等农业气候资源条件有利于棉花生长发育和麦、棉两熟种植。该地区应以适合春播套种的中熟棉花品种为主,适当搭配早中熟棉花品种。品种的纤维品质应适合纺中、高支纱的要求。

(2)鲁西北、豫北和冀中南地区 该区热量条件适中,光照、降水和灌溉条件较好,地形、土壤条件也较好,应以适合春播套种的中早熟棉花品种为主,适当搭配早熟品种,并能达到纺中、高支纱的质量要求。

(3)黑龙港地区、鲁北和胶东地区 这些地区水、热条件较差,还包括一些以旱薄、盐碱地为主的地区,应以选择一熟春播、适合纺中支纱、生育期较短的中早熟棉花品种为主,尤其是选用适播期长、耐旱、耐盐碱的中早熟品种,也可选用一些高产、优质的低酚棉品种。

(4)京、津、唐地区 这些地区水、热条件差,生育期较短,应选用适合纺中、粗支纱的早熟或中早熟棉花品种。

长江流域棉区

该地区的棉田面积和产量分别约占全国的30%和29%,是我国第二大棉花生产基地。为使这一地区原有的两熟套种向麦行套栽及麦(油)后移栽的两熟制过渡,并改变目前某些推广品种纤维品质较差的现状,今后应选用的品种为:

(1)长江中游沿江滨湖平原地区 该地区包括湖北的江汉平原及湖南、江西、安徽的沿江、滨湖地区,应以选用兼抗多种病虫害及适合纺高支纱的中熟品种为主,适当搭配适于夏播的中早熟或早熟偏晚的品种。

(2)长江下游平原地区 该地区包括长江下游沿海、沿江平原及苏北沿海地区,应以选用苗期早发,耐湿、耐肥,抗枯萎病、黄萎病及多种棉花虫害,适合纺高支纱的中早熟棉花品种为主。在江苏沿江棉区和上海郊区县,尤应选用绒长31 mm以上、纤维强度和细度均好的棉花良种,以满足纺织工业的需求。

(3)长江中游丘陵地区 包括湖南、湖北、江西、安徽四省的丘陵地区,该区土质差,地势高,春季地温回升早,排水性好,前茬早熟、早收,有利于棉苗早发,应选用耐旱、棉株中期生长势旺并具中等纤维品质的中早熟品种。

(4)南襄盆地 包括湖北的襄阳及河南的南阳地区。该区地势较高,周围多山,棉花生育期间温、光、降水条件都较好,有利于棉花生长发育和产量形成,应选用耐旱、耐瘠、后期生长势强、抗病虫害的具中等纤维品质的中早熟棉花良种。

西北内陆棉区

西北内陆棉区包括甘肃河西走廊,陕西关中,山西的晋南和新疆的北疆、南疆、东疆地区。目前西北内陆棉区的棉田面积和产量分别约占全国的25%和30%。

新疆是西北内陆棉区的主产区,也是我国优质陆地棉的生产基地和唯一的长绒棉生产基地,是我国最有发展潜力的棉区。新疆是灌溉农业区,基本无旱、涝灾害威胁,加上日照充足、气候干燥、昼夜温差大、土层深厚、土质疏松等特殊的农业气候生态条件,非常有利于棉株的生长发育及其体内营养物质的累积,并可应用栽培措施,塑造高光效株型,增加种植密度,减少蕾铃脱落,为棉花高产、稳产、优质、高效创造条件。该区棉花生产发展很快,1991—1995年平均比1978年棉田面积增加4.1倍,总产增长16倍,单产提高2.4倍,为全国平均单产的138.7%。

西北内陆棉区适宜选用的棉花品种类型如下。

(1)新疆北疆及甘肃河西走廊地区 该区因热量条件相对较差,属特早熟棉区,应选用生育期在110天以内、绒长27~29 mm、成熟度好、适合纺中支纱的早熟棉花品种。

(2)新疆南疆喀什、和田地区 该区可选用绒长29 mm以上,并有相应纤维强度和细度,适合纺高、中支纱的中早熟陆地棉品种;也可选用早熟、高产、优质的低酚棉品种集中种植。

(3)新疆东疆海岛棉生产基地 东疆吐鲁番地区是生产棉花最好的地区,所生产的长绒棉可与埃及棉媲美。在吐鲁番盆地和火焰山以南地区,可选用绒长在35 mm以上、纤维强度在 40 cN/tex 以上、麦克隆值 3.0～3.9 的中熟海岛棉品种;火焰山以北地区,可选用早熟海岛棉品种。

(4)巴音郭楞蒙古自治州、阿克苏等地区 这些地区应选用绒长 33～34 mm、纤维强度在 34 cN/tex 以上、麦克隆值 3.5～4.3 的早熟海岛棉品种。

(5)陕西的关中地区、山西的晋南地区 这些地区可选用绒长 27～29 mm、适合纺中支纱的品种。

此外,辽宁、晋中等特早熟棉区,无霜期短,应选用绒长 25～27 mm、适合纺粗支纱、株型紧凑的特早熟品种。

枯萎病、黄萎病严重的棉区,要优先选用抗病性强的品种。

29. 播种前如何选定适宜的棉花种植方式(模式)

我国当前比较好的棉花种植方式有:地膜育苗和移栽地膜棉(即双膜棉)种植方式、麦套移栽棉不盖膜和盖膜种植方式、麦套直播棉不盖膜和盖膜种植方式、棉田高效多熟立体种植方式、麦套春棉和麦套短季棉种植方式、盐碱地和旱地一季春棉种植方式、特早熟棉区一季短季棉种植方式等。以上各种种植方式(模式)的棉田结构、有利和不利农业气象条件、栽培技术各有不同。

各棉区应根据当地生态气候特点、棉花生产目标要求、生产基础条件和技术水平等选定适宜的棉花种植方式。

30. 播种前如何准备棉花种子，以增强其抗逆性能

种子准备包括选种和种子处理。种子准备是提高种子质量，抵御不良土壤、气候等环境条件，防止烂种，减少苗期病虫害，提高出苗率，争取全苗、齐苗、壮苗的重要措施。

(1) 精选种子 精选种子可以提高种子的纯度和质量，提高种子的发芽势和发芽率。选留种子应在种子田和块选棉田进行，摘取棉株中部靠近主茎的吐絮好、无病虫害的霜前花作种用，这种种子成熟早、成熟好、发芽势强、发芽率高。

应在冬季或早春进行粒选，选用粒大、饱满、具有本品种特征的种子，要求纯度达到95%以上。这种种子发芽率在85%以上，出苗率也很高。

播种前还要进行种子发芽势和发芽率的测定，如果时间仓促来不及做发芽试验，也可用化学试剂如三苯基氯化四唑（简称TTC）测定种子的活力强弱。

(2) 晒种 晒种有促进种子后熟的作用，可消灭种子表面的部分病菌，对苗期的角斑病、炭疽病有一定的防治效果。晒种还可使种子合点帽处的薄壁细胞破坏，能加速水分和空气的进入，促进发芽速度，提高发芽率10%～20%。晒种多在播种前10～15天进行，将种子摊在木板或苇席上，不要直接摊在砖地或水泥地上，避免造成硬籽。铺厚6～7 cm，堆温保持30℃左右为宜。每天上午9时至下午4时在强太阳光下曝晒，总晒时间不应少于30小时和多于50小时，晒时要勤翻动。

经过阳光曝晒的种子还要人工处理，以达到消毒杀菌、促

进种子发芽和出苗等效果。种子处理方法很多,效果不一,各地应根据具体情况采用不同的处理方式。

(1)硫酸脱绒 利用硫酸释放的大量热能及腐蚀作用,杀死种皮内外病菌。脱绒后棉籽光滑,可用于机械精量播种,节省种子,提高播种质量。锐绒的棉籽还能加速吸水,提早出苗。脱绒也可为种子的种衣剂处理提供方便。

脱绒的方法有两种。一是泡沫酸机械脱绒法。这是一种新的脱绒工艺,有用酸数量少、工效高、无废水、污染轻等优点。二是手工硫酸脱绒法。把棉籽放入瓷盆或塑料盆内,每千克棉籽加入温度为 110~120 ℃ 的粗硫酸(密度 1.8 g/cm³)100 ml,边倒硫酸边搅拌,至短绒全部被烧掉,种皮发黑发亮,立即捞出用清水反复冲洗,直到水色不显黄、水无酸味为止。彻底冲洗残酸是重要环节,因带酸种子会影响发芽、出苗率。检查是否带酸,以石蕊试纸不显酸性为准。冲洗后的种子摊开、晾干备用。

(2)用种衣剂包衣种子 种衣剂是复合多效制剂,其组成包括杀菌剂、杀虫剂、微量元素、微肥、生长调节剂、成膜剂、防腐剂、防冻剂、抗旱剂、吸水剂等成分。种衣剂包在种子表面,立即固化结膜成为种衣。种衣能在土壤中更多地吸水、保水,促进种子发芽出苗;种衣在种子周围形成防治病虫害的屏障;药剂、微肥、生长调节剂从种衣中缓慢释放,可被内吸输导到植株各部位,促进棉花前期生长发育,延长药效期。生产应用表明,种衣剂可防治苗期炭疽病、立枯病,对枯萎病、黄萎病等病害和蓟马、蝼蛄等虫害也有一定的防治效果,对蚜虫有良好的防治效果,有效期可达播种后40天左右。种衣剂具有减少喷药次数、节省农药、避免和减少杀伤害虫天敌、减少污染、节省劳力、使用方便等优点。

使用种衣剂要注意以下问题：第一，棉种必须经过硫酸脱绒，然后才能包衣。第二，要根据各地病虫害发生情况，选用适合本地防治对象的种衣剂型号。第三，按种衣剂型号，决定用药和种子比例，具体使用方法按说明书进行。国内已推广使用种子包衣机器，有规范的操作规程。人工包衣可用大锅或大盆，按比例称好药物和种子，先把种子倒入容器内，再将药物倒在种子上，边倒边用木棒搅拌，充分搅拌均匀后装入聚丙烯编织袋中，入库保存备用。第四，包衣种子有毒，只能作种子用，不能它用。当年包衣种子当年用，在播种前3~6个月包衣。第五，种衣剂是种子包衣专用剂，不能用来喷雾。用时不需再加水，也不要再加其他农药、肥料等，否则可能会发生化学或毒性变化，造成种子、作物药害。第六，有的种衣剂含呋喃丹，在包衣和播种时要严防中毒，如碰到皮肤，要及时用肥皂水冲洗；不慎触及眼睛时，要用清水冲洗15分钟；误服入口时，要立即送医院救治。

(3) **温汤浸种** 较高的水温可杀死附着和潜伏在种子内外的病菌和害虫，而且热水的蒸汽压力比棉籽内部的压力大得多，会迫使种皮的栅栏状组织细胞层与合点帽相接处形成空隙，加快棉籽吸水速度，出苗快而整齐。具体做法是将种子浸入55~60℃的热水内半小时，盛水缸加盖保温，浸种期间搅拌数次，使种子受热均匀。为了催芽，待水温下降后继续浸种6~8小时，然后将吸足水的棉籽捞出摊开，晾到短绒发白，然后堆集存放，利用种子呼吸放出的热量提高堆温，要求堆温保持在25~30℃，注意及时翻动，使种子发芽均匀，以刚露白时播种为宜。

(4) **药剂拌种** 因种子和土壤常带有病菌，如使用未包衣的种子，播种前应进行药剂拌种。常用的药剂有多菌灵、稻脚青、401抗菌剂和杀虫剂等。药剂拌种能防治病虫,保护棉苗安全出土和苗期正常生长。

31. 棉花播种前如何管理好棉田

北方棉区春季干旱多风,加之棉籽发芽吸水较多,土壤墒情常成为影响出苗的限制因素。所以,要保证棉花顺利播种出苗,就必须浇足底墒水,保好表墒,造就一个好的棉田土壤湿度环境。土质中等或偏黏的水浇地棉田,应争取秋冬灌溉,这样可与粮田调节用水,且春季地温回升也快。不得不春灌的棉田,也要争取早春灌,一般应在播种前15天结束,让地温能够较快地回升。灌后应及时耙耱、碎土保墒。沙质土壤棉田应在播种前5~7天灌水,灌后浅耕、耙耱保墒待播。

棉花要求有肥沃的土壤,故强调底肥要饱、追肥要巧。基肥深施、多施、集中施效果较好。基肥用量按纯氮计算,应占总施肥量的60%~80%。基肥中应加磷肥,因为磷能促进棉苗根系发育,促进早熟,增加铃重,改善纤维品质,磷肥可与有机肥混合施用。北方棉区一般每公顷施堆肥或土杂肥22~60 t,高产田60~75 t。南方棉区每公顷施厩杂肥15 t 或绿肥11~22 t,有条件的地方加饼肥220~750 kg。若用过磷酸钙作底肥,每公顷施230~280 kg。

北方棉区对播种前整地要求较严格,要求地面平整、地暖、底墒好、土壤上虚下实。"上虚"指土壤表层疏松,水分不过多,有利于升温、保墒、通气;"下实"指棉籽以下的土壤比较细密且墒足,有利于迅速扎根和出苗,为一播全苗打下良好基础。

南方棉区播种前雨水较多,播种前的土壤应注意增温和透气,预留棉行内宜冬耕冻凌、施肥改土,促使生土变活土、板土变松土。冬翻稍深,翻后不碎土,充分冻融风化,春耙碎土整平土地。行内种植绿肥的,要及时翻埋平整土地。

南方棉田常用畦作,尤其在雨水多、地下水位高、易受渍涝的地方更为重要。畦作要有畦沟、腰沟、围沟、排水沟配套,并逐级加深,做到雨停沟干。

32. 棉花种子顺利萌发出苗需要哪些条件

(1)水分 水分是种子膨胀萌发的首要条件,当种子吸水量达到本身重量的50%～60%时开始萌动,吸水量达自身重量的60%～80%为萌发的适宜含水量,能够加快种子萌发速度。

棉籽的合点和珠孔是主要的吸水通道,吸水的速度与温度有关,水温高则吸水速度快,反之则慢。所以,温水浸种或土壤水温适当提高能加速种子的吸水速度。

由于棉籽的硬壳和短绒阻碍吸水,所以播种时对土壤水分的要求比较严格,适于种子发芽出苗的土壤水分含量一般为田间持水量的70%～80%。如果土壤水分含量过低,一般低于田间持水量的60%时,种子很难从土壤中吸收水分,甚至播种前吸足水分的种子会被干土吸干,发生反渗透现象,使已开始萌动的种子丧失活力。相反,如果土壤过湿,一般土壤水分含量大于田间持水量的90%以上,以至达到饱和含水量时,会因土壤过湿缺氧和地温较低影响种子呼吸,也不利于种子萌发出苗和幼苗生长。北方棉区春季少雨、多风、升温迅速,返浆后失墒很快,经常出现旱情,为确保棉种顺利萌发出苗,必须及时灌水、耕耘、耙糖、中耕、松土,注意防旱保墒。南方棉区,在棉花播种出苗季节,往往多阴雨天气,易造成土壤过湿或渍涝,要注意及时清沟排渍,保证棉花适时播种出苗。

(2)温度 棉花是喜温作物,种子发芽出苗要求较高的温度,当温度在10℃时,棉籽虽然可以萌动发芽,但极缓慢。温度越高,发芽出苗越快。如岱字棉15号,在12℃时,约11天开始发芽;13℃时,约7天开始发芽;16℃时,约5天开始发芽。在催芽的情况下,当温度上升到35～40℃时,则经8小时即可发芽。

棉花出苗对温度的要求比发芽高,因为胚的不同部位生长时要求的温度不同,在12～14℃条件下,胚根发生极微小的微管束分化,胚芽和胚轴分生组织并不活动;在16～18℃时胚轴伸长并形成导管。研究认为,17℃是棉花出苗的适宜温度指标。据研究,棉籽内酶活动的最低温度为15℃。所以,温度的高低直接影响种子内养分的分解和利用,影响出苗的快慢。但是在生产上,不能认为出苗越快越好。过晚播种时,虽然温度高、出苗快,但幼苗嫩弱而不健壮。一般棉花适宜播种温度为5 cm地温稳定通过14℃(相当于气温稳定通过12℃)。

(3)氧气 棉籽胚内含有大量的脂肪和蛋白质,发芽时比禾谷类种子需要更多的氧气才能进行物质分解和转化。另外,种壳坚硬、不通气,也需要更多的氧气才能发芽出苗。晒种和硫酸脱绒后,可以破坏合点处的薄壁细胞,有利于种子吸氧而促进发芽。如果棉田积水、受渍、过湿或板结,则氧气供给不足,呼吸作用受阻,会进行无氧呼吸,产生有毒物质,不利于种子萌发和幼芽生长,甚至造成幼芽窒息死亡。

(4)土壤 种子的发芽出苗状况还与土壤的物理、化学性状有密切关系。因为棉花有较大子叶,需顶土出苗,出苗前种子的下胚轴先形成"弯钩"状,顶土力较弱,如覆土过厚或整地不好,土硬板结,通气、保水肥能力差等,都会影响棉花种子发芽出苗。如表土过松或覆土过浅,则易造成棉苗带壳出土,影响子叶光合作用,影响苗齐、苗壮。

(5)**种子** 种子发芽出苗好坏还与种子特性和本身质量密切相关。抗逆性强、成熟度好、发芽率高、原品种大小均匀、充实饱满的种子,发芽、出苗率高,有利于全苗、壮苗。

33. 如何确定棉花的适宜播种期

所谓棉花的适宜播种期,是指此期播种既能满足棉花种子顺利发芽、出苗所需的生理生态气候条件,又能满足棉花全生育期都能处于最有利的生态气候条件之下。所以,保证棉花在适播期播种是获取棉花全苗、壮苗、高产、稳产的第一个重要环节。若过早播种,温度偏低,出苗期延长,苗弱,易染病,易造成烂籽或死苗;晚播会造成生育期推迟,不能充分利用有效生长季节和光、温、水等农业气候资源,影响棉花的产量和品质。

影响播种期的主要因素是温度。过去生产上常用的棉花适宜播种期气候指标是 5 cm 地温稳定通过 12 ℃或以气温稳定通过 10~11 ℃作为棉花适宜播种期的温度指标。这在春季温度稳定上升的地区是可以的。但是我国多数地区特别是北方棉区,春季气温多变,故目前提出适宜播种期以 5 cm 地温稳定通过 14 ℃作为温度指标。从气候角度看这是比较稳妥的,但有些年份也会因此延误时间,丧失宝贵的生长季节和光、热、水等资源条件。这就是单纯气候指标法确定播种期的缺陷。根据气候指标法确定的棉花适宜播种期为：①黄河流域棉区，一般在谷雨前后(约 4 月中下旬)播种为宜。该地区有"谷雨前好种棉"及"谷雨花，大车拉；小满花，不还家"的农谚。②南方长江流域棉区，多是清明至谷雨间播种，4 月底齐苗。

由于每年春播期间天气、气候、农业气象条件的变化(如春暖的迟早、升温的快慢、土壤墒情变化、终霜期出现时间的不同、气温和 5 cm 地温变化状况等)，各年、各地区棉花适宜播种期也应不同。还应对当年的天气预报、气候展望、农业气象条件预报等进行综合分析判断，来制定当年、当地棉花适宜播种期农业气象预报。各地农业气象专业技术部门在每年棉花播种前 15 天左右发布当年本地区的棉花适宜播种期预报，主要预报适宜播种期起止日期(一般为 7～10 天)和需注意问题，为棉花适期播种提供科学依据。具体到某一田块，还要考虑不同土壤、地形、播种方式、当时天气等条件在适播期范围内作适当调整。如棉田是向阳、温度上升快的沙性土地，在适播期范围内应先播；土壤水分多、温度上升慢的黏性土地应后播；盐碱地土性凉、温度上升慢，应适当迟播；开阔平坦、地势较高地区和地块，升温快、霜冻结束较早，可先播；易受低温霜冻侵袭的山谷低地，应适当迟播；在条件不足、产量和管理水平不高、棉籽质量不好或数量不多的地方，为保全苗，应在适宜播种期范围内适当迟播；在干旱少雨、墒情较差的地区，即使温度稍差也应趁雨抢墒播种，以利保苗。应选择晴朗、无风、无雨的天气播种。如近几天有低温霜冻，应在霜前播种，霜后出苗。如有雨，应在雨后播种。

34. 如何确定棉花适宜播种量和适宜株行距以保全苗及群体密度

棉花适宜播种量应根据种子大小、发芽率高低、每公顷留苗密度及气候和土壤等条件来确定。条播一般播种粒数不少于留苗数的8~10倍,要求在播种行中,按每米45~60粒种子下播,一般播种量为每公顷105~120 kg。点播一般每公顷播种量为45~60 kg。在种子质量差、土壤黏重、墒情较差、盐碱地、苗期病害与地下虫害严重及提早播种的情况下,播种量应酌情增加。

棉花高产不仅要有合理的密度,还要有适当的株行距配置,既利于干物质积累和增蕾保铃,又便于田间管理和机械作业。棉花株行距配置主要有等行距和宽窄行两种方式。一般较肥沃的棉田或间作套种时多采用宽窄行种植。由于宽行封垄时间较晚,部分改善了棉田通风透光条件,缓和了壮株与密植的矛盾,有利于棉株下部蕾铃的发育。另外,宽行既便于操作管理,减少机械损伤,又利于套种其他作物。窄行不能太窄,否则枝叶交错,影响生长发育和结铃,不能发挥单株生产潜力。所以,播种时要先根据当地要求和棉田特点,确定具体的株行距后再进行播种。

35. 棉花有哪些抗旱、抗渍涝、抗低温的播种技术

(1)抗旱播种技术 "耧梦花"是常用的抗旱播种技术,即先用耧将种子深种在湿土里,待种子扎根顶土时,再用耧挑去

上层干土,让幼苗出土。也可用带有分土板的开沟器,先把干土分开,再在湿土上开沟播种。山东农民还总结出了"水种包包"播种保全苗的经验,在底墒好表墒差的棉田,先开深约 2.5 cm 的浅沟,均匀浇水,水量以接底墒为度。待水下渗土爽时,按定距摆棉籽。然后对准播行,先覆湿土,后覆干土起脊,脊顶高出地面 3~5 cm,脊底宽 10 cm 左右,待棉籽 70% 以上扎根时,及时去脊,顺垄扒平,保留 3 cm 左右土层。

(2)抗渍涝播种技术 棉田播种前如遇渍涝时,应尽快排水降渍,对过湿棉田进行浅耕或耙锄中耕,以降低表层土壤水分,尽快达到适宜播种的湿度要求。

(3)抗低温播种技术 如在适播期的初期遇有低温、霜冻、阴雨天气时,可适当推迟几天,等低温、霜冻、阴雨过后立即播种。如得知在适播期的末期遇有低温、霜冻、阴雨天气时,应在适播期一开始就抢时播种,如遇低温霜冻较强、降雨较大时,则播种后应加盖地膜保护。

36. 棉花营养钵(块)膜盖育苗移栽技术的优势是什么

营养钵(块)膜盖育苗是棉花高产优质栽培的一项先进技术,由于膜盖苗床内温度一般比外面高 4~6 ℃,故播种期比大田直播可提前 15~20 天,可以更多地利用生长季节及光、热、水等农业气候资源,可以增温、保湿和防御低温、霜冻、旱涝、大风等灾害的危害,实现一播全苗、培育壮苗,缩短棉花与前茬作物的共生期,促进棉花早发、早熟、增产、增效的效果显著,一般可增产皮棉 10% 以上,提高优质棉比例 10%。

37. 棉花营养钵(块)膜盖育苗移栽的农业气象技术要点是什么

苗床准备

苗床床址应选在背风向阳、地势高燥、易排水和运输便利的场地。床土、钵土都应是无病的肥沃土壤。

营养钵、营养块的制作

在肥土基础上,采用中大钵(块)体作为育苗载体是培育壮苗的重要环节。营养钵以内径 6 cm、高 10 cm 或内径 7 cm、高 10 cm 为宜;营养块以长、宽各 7~8 cm,厚 7~8 cm 为佳。

播种、覆土和拱棚覆盖农膜

(1)种子 要尽量采用包衣棉种。

(2)用种量 每亩备用 1 kg 包衣种子。

(3)播种时间 由于大田棉花播种一般在 5 cm 地温稳定通过 12 ℃,而拱棚地膜覆盖苗床温度一般比膜外高 4~6 ℃。故苗床育苗播期一般比膜外大田播期早 15~20 天,在长江上游地区为 3 月上中旬,长江中下游棉区和黄淮地区在 3 月中下旬。苗床具体播种时间应注意收听当地气象预报,最好根据气象部门专门制作的棉花适宜播种期农业气象预报或根据当地地温回升情况确定播种期。最好抓住冷尾暖头天气抢晴天播种。硫酸脱绒包衣棉种吸水、发芽、出苗的时间提早,如果播种出苗后遇到低温阴雨天气,则易烂种、烂芽,故在适播期内靠后播种较为安全。

(4)足墒播种 播前要用水浇透钵(块)体,湿度为田间持水量的 80%,然后播种。每钵(块)播 1 粒种子,播后用干爽土覆盖,覆土厚1.5~2.0 cm,并轻镇压。然后在床面平铺一层地膜,出苗后即揭开地膜,再支起拱架,覆盖农膜,建成拱棚。

(5)催芽播种 用多效浸种剂,每千克种子用药1袋(6 g),兑水1.5 L,水温调至30 ℃,毛籽浸种4小时,光籽浸种2小时,浸种期间翻动种子2~3次。浸种完毕后沥干种子,在40~50 ℃热水中预热10分钟,装袋保温催芽,使袋内温度不高于32 ℃。当催芽露出胚根时立即播种,每钵(块)播种1粒。若催芽后遇寒潮天气不能马上播种时,可把种子摊平晾开,待天气好转时抢播。

(6)覆土消毒 播后用干爽土或湿细沙覆盖,覆土1.5~2.0 cm,并扒平拍紧。用25%的稻脚青粉剂配成0.3%~0.4%的药液,喷雾床土,以利防病。每20 m²苗床,用除草剂敌草胺5~6 ml或床草净3~4 ml,兑水2~3 L,均匀喷洒床面,可防除苗床杂草。

(7)覆盖地膜、农膜 用地膜平铺床面,待将出苗时即揭开,并用竹子搭建拱形棚,间隔1 m 1根,拱高40~45 cm,用绳网拉紧,上面覆盖农膜,再用绳箍紧。用土压实膜两侧边沿。在床四周开深0.2~0.3 m、宽0.3~0.4 m的排水沟,以利排水。在每床中间的拱形架上悬挂一支温度计,于每日8时、14时观测棚内温度,根据温度决定揭膜还是闭膜。

苗床管理技术

(1)第一阶段 播种后至齐苗,时间5~7天,低温年份7~10天。本阶段以促全苗为重点,要增温、保墒、不揭膜。在播种后第5天逐床检查苗床水分和种子发芽出苗情况。膜内层水珠晶莹,雾气缭绕,床土呈均一黑色,表明水分充足合适;膜内层水珠不多,床土黑白不一,表明水分不足,会造成出苗不齐,要适当补水。补水方法是,在晴天下午14—16时揭开膜的一侧喷水。如检查发现烂籽、烂芽,应重新制钵,催芽补种。

(2)第二阶段 齐苗至长出第 1 片真叶,时间 5~7 天。本阶段以棉苗稳长和防高脚苗为重点。床内温度以 25~30 ℃为适宜。高于 30 ℃会烧苗,并易长成高脚苗。温度过高时应适时通风降温,即在晴天的上午 9 时至下午 16 时开膜通风,先开两头,再开中间,阴雨天气膜内温度过高时也要通风降温,只是要晚开膜、早闭膜。

①晒床。长江中下游棉区雨天多,湿度大,如床土和膜内过湿,应选晴天开膜晒床 2~3 次,降低湿度,防高脚苗。

②补水。黄淮地区气候干燥,当床土发白和膜内水珠少,呈现缺水现象时,应在晴天下午盖膜前适当喷水。

③防治病害。播种光籽、毛籽,棉苗第 1、2 真叶期病害会陆续发生,如遇持续低温阴雨天气,病害加重,可用 0.5% 等量式波尔多液喷洒防治炭疽病,可用 25% 稻脚青或多菌灵 0.3% 药液喷施防治立枯病。

(3)第三阶段 第 2 片真叶至第二次炼苗前,时间 15~20 天。本阶段以稳长叶、育壮苗为重点。床内温度控制在 25 ℃左右,每天揭膜通风,方法同第二阶段。

①搬钵(块)炼苗。第 2~3 片真叶期搬钵(块)炼苗一次,也叫假植。搬钵可截断主根、侧根,刺激侧根生长,使棉苗健壮。搬钵的方法是,从苗床的一头开始移起,首先移 2~3 排钵(块)于床外(最后再移入床内),后面的逐排前移。边移动边按大小苗分类摆在床内。边搬钵边定苗除草,用手掐去弱苗和杂草,每钵(块)只留一苗。边搬钵边向钵间回填细土,直至全部移完。最后再把最开始移出苗床的苗钵移入床内。搬钵后 2~3 天的夜间要盖膜增温。

②补水。棉苗茎明显发红,苗老,宜小水细浇,一次浇足。

③施"送嫁药",防治病虫害。基本病害的防治同第二阶段。发生蓟马、盲蝽、蚜虫和地老虎,可用40%的久效磷1 000倍液或50%的甲胺磷1 000倍液防治。久雨天气,可将浸有敌敌畏原液的棉球,悬挂在苗床两端,熏杀效果较好。

④看苗化调。对旺苗用低浓度植物生长调节剂轻控。可用25%助壮素3~4 ml或缩节安20~30 mg兑水12.5 L对棉苗喷雾,以不滴水为度。弱苗和包衣棉种苗不必化调。

(4)第四阶段 一般在移栽大田前7~10天炼苗,方法是日夜揭膜。遇降温、降雨时盖膜。搬钵(块)炼苗同第三阶段。

移栽之前3~5天,用腐熟的稀人粪尿水,每50 kg加0.5 kg尿素或0.3 kg磷酸二氢钾泼洒棉苗,并施"送嫁药"。

苗床育苗时间从播种到移入大田持续50天左右。棉花苗床壮苗标准是:子叶完整、叶片整齐、无病斑、大小适中,5月上旬移栽时,一般生长真叶4~5片,5月中下旬移栽,一般生长真叶5~6片,茎粗节密,苗高适中,叶色深绿,叶片肥厚,叶面积大。

38. 大田棉花播种后不利天气条件下的管理措施和技术有哪些

大田棉花播种后至出苗前,必须随时注意天气、气候等外界条件的变化,及时采取措施加强管理。

(1)北方棉区 北方棉区播种后常常天旱多风,棉田失墒很快,种子有落干危险,要抓紧镇压提墒,改善种子层水分供应状况。若墒情过差,有灌溉条件的可在种子沟旁开沟,进行小水慢浇,水量一定要小,能湿透种子层土壤即可,切忌浇蒙头水,造成地温降低、土壤板结,影响出苗。

播后如遇小雨,须及时松土,破除板结,增温助苗出土。若遇大雨,棉种被雨拍实,造成土壤板结,要适时在播种沟上面深划透气,播种多深,就要深划多深,否则起不到应有的效果。若播种过深或覆土过厚,棉苗出土困难,应及时扒土救苗,因扒出的幼苗经不住强光照射,所以应在苗上撒些湿土。

(2)南方棉区 南方棉区播种后多阴雨,在播前应清好田沟,降低地下水位,防渍防涝。套作棉田,为改善光、温条件,要扶理前茬,"扎把露地,透光增温",加快出苗,提高出苗率。

39. 棉花苗期生育特点及所需的农业气象条件是什么

棉花苗期是长根、长茎、长叶,以增长营养体为主的营养生长期,而且已开始花芽分化。该时期根的生长很快,是生长的中心,主根的生长速度比株高的生长速度快4～5倍。

棉花苗期对农业气象条件有以下要求:

(1)温度 影响棉花生长的主要环境因素是温度。棉花苗期适宜生长的温度为18～25 ℃,在此温度下,棉苗生长得快且稳健。但是,此时北方棉区的气温有时偏低(气温低于15 ℃)而且不稳定,也常出现终霜冻(最低气温0 ℃),由于幼苗抗逆性差,故易受低温、冻害影响长得瘦弱,或致病死苗和晚发。

(2)光照 由于此时棉苗较小,所以纯作棉田受光照影响较小。但是在个别年份遭遇连阴雨天气;或间苗定苗不及时,棉苗互相拥挤;或在麦垄套作下,荫蔽严重,会造成幼苗光照不足,易形成高脚弱苗,延迟生长发育。

(3)**养分** 由于苗期株体小,虽对养分吸收量不多,但对养分反应敏感,缺氮影响营养生长,缺磷抑制根系发育,氮肥过多易形成过旺苗。

(4)**水分** 苗期对水分要求较低,以 0~20 cm 土壤湿度在田间持水量的 60%~75% 为宜,有利于根系下扎,棉苗蹲实,促苗早发。土壤水分过少,低于田间持水量的 55% 时,则棉苗开始受旱,抑制棉苗生长;低于田间持水量的 40%(即凋萎湿度)时,棉苗出现萎蔫,连续 3 天萎蔫则棉苗死亡。苗期如遇连阴雨或因灌溉不当,致土壤水分大于田间持水量的 80%,且维持较长时间时,则土壤过湿,影响增温、通气,不利于根系深扎抗旱炼苗,不利于棉苗生长发育,易感染病害。

40. 棉花合理密植增产的原因是什么

(1)**合理密植能够充分利用地力和光能** 较大的棉株群体其根系的吸收面积相对扩大,对土地的利用率较高,可充分发挥土地的增产潜力;合理密植可以适当增加群体叶片数,使叶片分布均匀,只要适当控制株高,减少郁闭,就能扩大叶面积受光量,使叶片更有效地利用光能,制造更多的光合产物,促进棉花的生长发育。

(2)**合理密植能够增加单位面积的总铃数** 生产和试验研究表明,在一定的种植密度范围内,随着密度的适度增加,棉花单株结铃数有所减少,但每公顷总铃数却有所增加。但是密度过大,则棉株个体与群体的矛盾加剧,棉株间争水、争肥、争光,使个体发育受到限制,不仅单株结铃减少,铃重减轻,甚至每公顷总铃数也会减少,结果反而减产。所以,要合理密植,使群体总铃数增产效果大于铃重减轻和衣分降低的损失,在保证个体发育基础上,充分发挥群体的增产潜力。

(3)合理密植能够充分利用生长季节,增加靠近主茎的棉铃数 棉花的产量主要是由近棉株主茎的棉铃决定的。据山东潍坊市调查,第一、二果节成铃数占单株成铃数的70%~90%,且靠近主茎节位的棉铃,吐絮早、铃大、纤维品质好。随着密度的增加,在有效生长季内的有效茎数增加,果枝缩短,第一、二节位数及其成铃数也相对增加,且早桃多,吐絮早;稀植的棉花,株数少,果枝长,靠近主茎的果节少,结铃少,由于个体发育受生长期的限制,外围棉铃较多,晚桃多,成熟度差,吐絮晚。所以,适度、合理密植,能较好地利用有限的生长季,增加内围铃,减少外围铃,获取棉花的丰产、丰收。

41. 合理密植的一般原则和所需条件是什么

(1)土壤、地形条件 土层厚,保水、保肥力强的土壤和较低洼地,棉株高大,应适当使棉花种植密度稀些;土层薄,保水、保肥力差的土壤和岗丘高地,棉株较小,应适当密些。

(2)水肥条件 施肥水平高的可适当稀植,施肥水平低的可适当密植;旱地棉田及干旱少雨地区应适当密些,水浇地及雨水比较多的地区应适当稀植。

(3)农业气象条件 在棉花生长期间,温度较高、阴雨天较多、降水量较大、棉田郁闭情况较重、无霜期较长的地区,如南方棉区,棉株生长高大,衰老较迟,密度要适当小些;温度较低、阴雨天较少、降水量较小、无霜期较短、光照时间较长的北方棉区,密度要适当大些。

(4)品种类型 株型紧凑、植株较矮的早熟品种,要适当密植;株型松散、植株高大的较晚熟品种,应适当稀植。

(5)合理密植株数范围 不同棉区的合理种植密度有较大的差异。当前长江流域上游丘陵雨养棉区,一般密植株数范围为每亩 3 500～4 000 株;中游洞庭湖区,每亩 2 000～2 500 株;江汉平原和长江两岸湖积、冲积平原棉区,每亩 2 500～3 000 株;长江下游、黄河流域春套及滨海盐碱地一熟棉田,一般为每亩 3 500～4 000 株;黄河流域夏套、长江丘陵地区、海河平原棉区一般为每亩 6 000～7 000 株;新疆棉区为每亩 10 000 株左右。

必须指出,随着生产的发展和栽培技术条件的提高,棉花种植密度也会不断变化,必须坚持因地、因时、因条件制宜的原则,随时根据客观条件的变化,确定当地合理的棉花种植密度,才能达到棉花高产、优质的目的。

42. 棉花苗期有哪些主要的管理措施

(1)中耕松土 棉花苗期中耕是促进根系深扎,地上部健壮生长,实现壮苗、早发的关键措施。

北方棉区,通过中耕,可以提高地温,减少水分蒸发,促进根系生长,控制病虫为害,培育壮苗,使棉苗提早发育。苗期一般进行 3 次中耕,第一次在子叶期,结合间苗进行。早中耕可提高苗根周围地温,促进支根早发,增加吸收能力,使真叶早出,增强幼苗抗逆性。还可破除土壤板结,切断表土毛细管,起保墒作用。这次中耕深度以 4～5 cm 为宜。第二次中耕结合定苗进行,深度可达 6～7 cm,不要壅土。第三次中耕在现蕾前,深度可达 7～8 cm,此时已进入 6 月份,气温上升,根系已较强大,地上部分生长加快,深中耕可以散表墒、促根下扎、并控制节间,在较肥的棉田更为重要。

南方棉区,苗期一般多雨,表土易板结,通气性差,地温低,肥料分解慢,杂草易滋生,故应在清沟排渍的同时,进行中耕松土。在棉苗显行时就浅锄"梦花",出真叶后适当加深中耕深度,破除板结,提高地温,降低表层土湿,减少苗病。套作棉田,前茬收获后,应抓紧中耕灭茬、松土。

(2)巧施肥 苗期因苗小耗养少,一般不需追肥。地力较差的棉田,可适当追肥,结合定苗中耕每亩追施硫铵 5 kg 左右。对瘦弱的二、三类棉苗,可偏施追肥,促小苗赶大苗。南方套作棉区,前作收后施好提苗肥,是促壮苗早发的关键措施。

(3)适时灌水、排水 北方棉区一熟棉田,一般播前浇足了底墒水,苗期不需浇水。如苗期出现旱象需要浇水时,应小水轻浇,隔沟浇,浇后及时中耕保墒、通气、增温。苗期棉田适宜的土壤湿度为田间持水量的 60%～75%,低于 55% 则出现旱情。麦田套作棉花,棉花苗期正是小麦灌浆成熟时期,耗水量大,往往供水不足,需灌水防旱。南方棉区由于苗期降水较多,应注意清沟排涝降渍,降低土壤湿度,提高地温,减少病害,促根生长,促苗早发。

43. 棉花苗期主要有哪些病虫害

棉花苗期主要病害有立枯病、炭疽病、黄萎病、枯萎病、红腐病等。黄萎病和枯萎病在播种后 1 个多月即可发病,定苗至现蕾期出现第一次发病高峰,可引起棉苗大批死亡。立枯病、炭疽病、红腐病多发生在早春,棉籽萌发时即会受到为害。

播种后在阴雨高湿条件下,各类病原菌繁殖迅速,持续低温或突然降温不利于幼根生长发育,幼根生长缓慢,易于感染病菌发病,造成烂种、烂芽。棉苗出土后半月至1个月内,是立枯病发病期,为害幼茎,易造成死苗,一般年份发病率达50%～60%,死苗率5%～10%,在春雨较多或寒流侵袭的年份,发病更重,发病率可达90%以上,死苗率可达30%～40%,为害十分严重。对于棉花苗期病害要采取综合防治,购买和使用包衣棉种,加强苗期管理,建立健全科技服务体系,加强农业防治,选用抗病品种,适时轮作倒茬,进行棉籽药剂处理等。

棉花苗期经常发生蚜虫、叶螨虫、地老虎等虫害,造成卷叶,抑制棉苗生长,或致幼苗死亡。

44. 棉花苗期主要病害综合防治技术有哪些

棉花苗期病害的防治技术主要有种子处理、栽培防病和喷药防治三方面。对于由种子带菌为主要侵染源的苗病,如炭疽病等,经种子处理即可见效;对于种子和土壤传病的病害,可通过栽培防病和喷药防治解决。

种子处理

(1)播种前浸种 可杀死种子表面的细菌,并有催芽作用,主要有以下两种方法。

①定温定时温水浸种。即用55～60℃的温水浸种半小时,水面必须超出种子,不断搅拌,保持水温均匀,至水温下降至30℃左右时捞出闷种。

②"三开一凉"温水浸种。即用3份开水加1份凉水配成约70℃的温水浸种,水量为种子量的2.5倍,具体操作方法

同上。

由于棉花种子能忍耐的最高温度较病菌的致死温度高10℃,所以较高的温水浸种能起到杀菌催芽的作用。

(2)药剂拌种 防治棉花苗病常用的拌种药剂有甲基立枯磷、稻脚青、五氯硝基苯、萎锈灵、拌种灵、多菌灵等,用量如下:

①用50%甲基立枯磷可湿性粉剂防治棉花苗期立枯病、炭疽病,每100 kg种子用药量为200 g。

②用20%的稻脚青可湿性粉剂防治棉花苗期病害,先用药250 g与5 kg细土或草木灰混合均匀,后与50 kg棉籽拌种,现拌现播。

③用40%五氯硝基苯粉剂防治棉花立枯病、炭疽病,每100 kg种子用药量为1 kg。

④每100 kg种子用20%萎锈灵乳油875 ml拌种。

⑤用相当于棉籽0.5%重量的拌种灵拌种,以防治棉花轮纹斑病和立枯病。

⑥用25%或50%多菌灵可湿性粉剂防治棉花立枯病、炭疽病,每100 kg种子用药有效成分500 g。

(3)种衣剂处理种子 种衣剂也称包衣剂,是指在种子表面包上一层含有农药、生长调节剂、微肥等的"包衣",用来防治病虫害,促进种子发芽出苗和健根壮苗。目前,中国农业大学种衣剂研究中心等单位生产的主要种衣剂有以下一些型号:

①30%种衣剂1号。由20%呋喃丹、10%多菌灵二元复配而成,主要适用于棉花枯萎病、黄萎病及虫害发生严重的地区,对苗期病害也有一定的防治作用。

②30%种衣剂3号。由20%呋喃丹、5%多菌灵、5%五

氯硝基苯三元复配而成,主要适用于华北棉区等苗期病害、虫害重发的地区,对棉蚜、蓟马及地下害虫有很好的防效,对枯萎病、黄萎病、炭疽病、立枯病也有较好的防治效果。

③20%种衣剂3-1号。由10%呋喃丹、5%多菌灵、5%五氯硝基苯三元复配而成,适用于山东、河南春播麦套棉区及淮北等病虫害发生较多的棉区,防治对象与30%种衣剂3号一致,且防病能力增强。

④20%福·甲种衣剂(6号)。由5%甲基立枯磷、15%福美双及植物生长调节剂、微肥复配而成,主要针对长江中下游皖、苏等省棉花苗期疫霉、腐霉烂种,立枯病死苗及微量元素缺乏症,其作用以防病为主、营养化控为辅。

⑤26%福·多·甲种衣剂(6-1号)。由5%甲基立枯磷、15%福美双、6%多菌灵及微量元素复配而成。比20%福·甲种衣剂(6号)增加了对枯萎病、黄萎病、炭疽病、立枯病的防治效果,可防治苗床多种苗病,主要适用于新疆雪水灌溉直播棉区、多种苗病混生的直播棉区和南方育苗移栽棉区。

⑥24%多·克·唑种衣剂(11号)。由12.5%多菌灵、10%克百威、1.5%三唑酮及微肥组成,能综合防治枯萎病、黄萎病、炭疽病、立枯病、红腐病、种腐病,兼治棉蚜、蓟马、地下害虫及缺素(硼、锌元素等)症,特别适用于长江中下游育苗移栽棉区及山东、河北等黄河流域直播棉区。

⑦15%种衣剂21号。由3.5%福美双、10%多菌灵、1.5%三唑酮及生长调节剂、微肥组成,主要适用于长江中上游育苗移栽棉区,具有防病、保苗、营养化控的作用。

⑧20%克·多·甲枯种衣剂(24号)。由10%克百威、5%多菌灵、5%甲基立枯磷及种肥组成,主要适用于立枯病严重,伴有蚜虫、地下害虫发生的部分直播棉区,特别是南北棉

区交界的苏北、皖北、豫南等常遇低温、出苗慢、立枯病严重的地区。

栽培防病

精选良种,播种前晒种,提倡冬灌或早春灌,播前精细整地,出苗后及时中耕,深中耕,提倡轮作,避免连作等。这些措施都可有效防止或减轻棉花苗病。

喷药防治

可结合治虫,用25%的苯来特或800倍稀释的代森锌或1:1:120倍的波尔多液防治叶斑病类苗病。

45. 棉花苗期主要虫害综合防治技术有哪些

(1)**长江流域棉区** 该棉区苗期为4月下旬至6月上旬,苗期主要虫害有苗蚜虫、棉叶螨、地老虎、蓟马等。综合防治措施是搞好虫情情报、预报服务,加强农业防治,保护和利用自然天敌,推广诱杀防治,合理使用农药防治。具体防治措施为:结合间、定苗,将受害棉苗带出田外,用20%三氯杀螨醇800~1 000倍稀释液、20%杀虫双1 000倍稀释液或40%氧化乐果1 500倍稀释液或50%硫悬浮剂400倍稀释液挑治棉叶螨;若棉蚜、棉叶螨、蓟马混合发生,以氧化乐果、久效磷、伏杀磷、水胺硫磷1 500倍稀释液防治;用敌百虫拌棉籽饼或毒土防治地老虎;麦后留高茬保护天敌。

(2)**黄河流域棉区** 该棉区苗期为5月上旬至6月上旬,主要防治地老虎、棉蚜虫、棉叶螨、蓟马等虫害,防治指标为:地老虎新受害株率5%;棉蚜第3真叶前卷叶株率10%,第3真叶后卷叶株率20%;棉叶螨红叶株率20%;蓟马百株虫量

30头。防治措施:地老虎用棉籽饼毒饵防治,即每亩用90%敌百虫50 g,兑水0.5 L,喷洒于2.5 kg碾碎炒香的棉籽饼上,搅拌均匀,傍晚时顺棉行每隔2 m撒一小撮,诱杀幼虫。棉蚜用200倍稀释的久效磷或100倍稀释的氧化乐果滴心;或以上述两种药剂5~7倍稀释液涂茎;或以久效磷1 500倍稀释液、氧化乐果1 000倍稀释液、20%康福多5 000~8 000倍稀释液或灭多威1 500倍稀释液喷雾。棉叶螨用三氯杀螨醇800倍稀释液防治;久效磷和氧化乐果也可兼治棉叶螨和蓟马。

(3)西北内陆棉区 棉花苗期为5月至6月中旬,主要防治的虫害对象和防治指标基本同黄河流域棉区,防治措施:用20%灭扫利乳油或2.5%敌杀死乳油等菊酯类农药,每亩17 ml喷施,可防治地老虎和蓟马;可用5~8倍稀释的50%久效磷或40%氧化乐果涂茎以防治棉蚜。

46. 棉花苗床育苗和移栽应掌握哪些农业气象条件和主要管理技术措施

(1)棉花苗床期管理 在齐苗前,以促全苗为重点,方法是增温、保墒、不揭膜。在出第一片真叶前,以促棉苗稳长防高脚苗为重点,晴天9—16时开膜通风,床内温度保持在25~30 ℃为宜,超过30 ℃易烧苗。长江中下游棉区应注意晒床,黄淮棉区应注意苗床补水。在第二次炼苗前,苗床温度应控制在25 ℃左右,及时炼苗、补水、化调。在移栽前的7~10天,可日夜揭膜炼苗,只在降温、降雨时盖膜。

(2)棉花育苗移栽期管理 移栽期一般在5月上旬,因茬口等原因推迟者不得迟于5月25日。对移栽棉田有盖膜和不盖膜两种栽培模式,盖膜者称地膜棉或双膜棉,具有显著的增温、保墒、促进棉花生长发育和高产、优质的效果。盖膜也有移栽前盖膜和移栽后盖膜两种形式,栽前盖膜是顺棉行先盖好膜,以后按株距用打洞器在膜上打洞栽钵苗。栽后盖膜是栽后沿苗边盖膜。揭膜时间一般在6月底到7月初,揭膜后进行第一次追肥,及时防虫、整枝、打顶、化控。

47. 棉花蕾期生育特点及有利和不利的农业气象条件是什么

棉花蕾期生育特点

棉花下部果枝第一果节出现0.3 cm长三角塔形花蕾时即为棉花现蕾,10%的棉株现蕾为现蕾始期,50%和80%的棉株进入现蕾期称为现蕾普遍期和现蕾末期。棉花蕾期是指从现蕾到开花这段时间,一熟棉田从6月上中旬至7月上旬,约30天。蕾期,棉株既长根、茎、叶、枝,又要现蕾增长果枝,是营养生长和生殖生长并进阶段,但仍是以营养生长为主的时期。

棉花蕾期,根系迅速生长,吸收能力提高;叶面积增大,光合能力增强,制造大量的碳水化合物(糖),与氮素结合形成蛋白质,用于增长营养体。此时如果氮素供应过多,会使营养生长过旺,造成提早封行,通风透光不良,光合作用减弱,糖分制造和储存减少,造成下部蕾铃脱落,坐不住早蕾,保不住早桃,形成所谓的"高、大、空"棉株。如果此时水肥不足,营养生长受抑制,长势弱,株体小,影响光合产物的合成与积累,导致蕾少、蕾小,搭不起丰产架子,且易于早衰。所以,蕾期的生育要求是:协调好营养生长和生殖生长的关系,做到棉株壮而不疯、稳而不衰,既搭好丰产架子,又稳增花蕾,就是在壮苗、早发的基础上,实现增蕾、稳长。

正常生长的棉株,初蕾期株高平均日增量为 0.6～1.5 cm,盛蕾期为 2 cm 左右,约 3 天出现一个果枝,果枝上约 5～9 天出现一个果节。南方棉区,蕾期雨水较多,初蕾期株高日增量为 1.0～1.5 cm,盛蕾期为 2.0～2.5 cm,现花时株高 50～60 cm;北方棉区,蕾期雨水较少,初蕾期株高日增量为 0.6～1.0 cm,盛蕾期为 1.5～2.0 cm,现花时株高 40～50 cm。蕾期棉株长相应为株型紧凑、茎秆粗壮、节密、果枝向四周平伸、节间均匀、蕾多、蕾大。

棉花蕾期有利和不利的农业气象条件

(1)蕾期有利的农业气象条件 气温平稳较快地回升,适宜温度为 20～25 ℃;多晴好天气和充足的光照;适宜的土壤湿度为田间持水量的 70%～80%;疏松透气、养分足、保水保肥的土壤根系环境;通风透光的株间小气候条件等。

(2)蕾期不利的农业气象条件 出现较长时间的低温和连阴雨天气;遇较强的寒潮、大风、冰雹天气;降雨偏少,大气和土壤干旱,土壤湿度低于田间持水量的 60%;土壤板结、不透气、肥水条件差;土壤过湿,在田间持水量的 85% 以上,受涝渍灾害;株间郁闭,通风透光不良;病虫害严重等。

48. 棉花蕾期主要虫害发生的农业气象条件是什么

蕾期主要虫害为棉蚜虫。棉蚜虫是世界性棉花害虫,我国各棉区均有发生,北方棉区最重,长江流域棉区次之。棉蚜不仅在苗期为害,在蕾铃期(即伏蚜)仍会造成严重为害,主要是在棉叶背面和嫩茎上刺吸汁液,造成卷叶,使棉株生长停滞,引起蕾铃脱落,严重影响产量。棉蚜虫一年可发生20余代,繁殖速度很快,在短期内数量会急剧增加,北方棉区现蕾和入伏后会持续严重为害。棉蚜喜欢较低的温度和较干燥的气候条件,繁殖适宜的温度为16~22℃,适宜的空气相对湿度为60%左右。棉蚜繁殖期间遇有降水常使蚜量下降,日降水量在20 mm以上、旬降水量在100 mm左右时,对棉蚜有明显的抑制作用;中雨、大雨对棉蚜有较大的冲刷作用。当气温在27℃以上、空气相对湿度在85%以上时,对棉蚜繁殖有抑制作用,但伏蚜的适应能力比苗蚜高。

除气象条件影响外,棉株的长势、营养状况和发育阶段不同,对棉蚜的消长和为害程度有重要影响。棉花长势好、营养充足或施用氮肥过多,往往蚜虫多、为害重。不同的棉花种植方式、作物布局均可影响棉田生态环境和株间小气候条件,从而对棉蚜的发生、为害和棉蚜自然天敌的兴衰有重要影响。大片平作棉田,作物单一,棉蚜天敌种类和数量较少,棉蚜发生数量多,为害重。麦、棉邻作,麦棉间、套作或棉田间作玉米、油菜、高粱等,均可增加棉蚜天敌数量,对棉蚜迁飞扩散起阻隔作用,从而能显著减轻棉蚜的为害。

49. 棉花蕾期主要病害发生的农业气象条件是什么

棉花蕾期主要病害为枯萎病、黄萎病。北方棉区枯萎病盛发期在6月下旬,黄萎病在7月中旬以后。枯萎病可造成棉花死苗、蕾铃减少、品质下降、减产严重。黄萎病会造成叶片变黄干枯、蕾铃减少、产量和品质下降。

枯萎病、黄萎病发生与温度有密切关系,枯萎病在土温20℃左右时开始发病,25~30℃形成发病高峰,当温度高达33~35℃时,病情受抑制。黄萎病发病温度较枯萎病低,发病高峰期较枯萎病晚,土温25℃左右时发病率高,30℃发病缓慢。降水多、土壤和株间空气湿度大、温度较低时,黄萎病发病较重。

枯萎病、黄萎病发生与棉花生育阶段、耕作栽培措施也有密切关系。枯萎病发病高峰期出现在盛蕾期,黄萎病出现在现蕾期后的开花期;棉田连作,土壤内病菌积累多,发病就重;地势低洼、排水不良的棉田发病重;单施氮肥较单施磷或钾肥的枯萎病发病率高;氮、磷、钾混施较单施发病轻;深耕及勤中耕的发病轻;线虫等虫害重的棉田发病重。

50. 棉花蕾期主要农业气象技术要点是什么

(1)蕾期需肥与追肥 棉花蕾期施肥既要满足营养生长和生殖生长对养分的需求,又要防止施肥过多造成棉株旺长、棉田郁闭、通风透光不良,故蕾肥应该稳施、巧施。

北方棉区,对缺肥棉田,蕾期追肥效果最好,强调将化肥与饼肥混施,每公顷施硫铵75~105 kg、过磷酸钙150~225 kg、饼肥225~375 kg,结合中耕开沟深施至10 cm土壤以下,要做到无机肥与有机肥混施、速效肥与缓效肥混施、氮肥与磷肥混施,既满足蕾期需肥,又达到"蕾肥花用",使棉株生长又快、又稳。

南方棉区,有施"当家肥"的经验,为达到施蕾肥兼花期用,应以有机肥料为主,再根据苗情和地力配合施用适量化肥。

(2)蕾期需水与灌水、排水 北方棉区,蕾期一般雨量较少,土壤和叶面蒸发都较多,失墒快、易旱,适时、适量浇水,对提高产量有重要作用。一般棉田,为缓和"三夏"用工、用水紧张,常把蕾期需水提前到麦收前灌,均有增产作用。但高产棉田容易徒长,应适当推迟浇头水,即在蕾期开始显旱象、土壤湿度小于田间持水量的60%时再浇水,有利于棉株稳长、根系深扎,增强抗旱能力。浇水时要控制水量,宜小水隔沟浇,切忌大水漫灌。

南方棉区,蕾期一般正值梅雨季节,要注意加强清沟排水,消除明涝、暗渍。

(3)蕾期及时中耕增温、保墒 蕾期中耕可起到疏松土壤、提高地温、抗旱保墒、通气增氧、消灭杂草、促根下扎等作用。对有疯长趋势的棉田进行深中耕,有控制营养生长过快的作用。现蕾后到封垄前,一般要中耕3~4次,做到雨后锄、浇后锄、有草锄,旺长深锄,深度可达10~14 cm。封垄前中耕要结合培土分次进行,在雨季到来前结束。培土高度以17 cm左右为宜。培土的好处是,小旱能保墒,大旱利沟灌,遇涝好排水,还能提高地温、促进根系发育、固根茎、防倒伏、防涝渍、抑制杂草生长。

(4)蕾期及时整枝,增蕾、保蕾 蕾期及时去叶枝、打老叶,能减少养分浪费,造就通风透光的株间小气候条件,促进果枝生长。现蕾后能清楚区分出果枝、叶枝时,及时将第一果枝以下的叶枝去掉,旺长棉株可把主茎下部叶片一起打掉。

(5)及时抹赘芽、去早蕾 蕾期要及时将主茎和果枝叶腋里生出的赘芽抹去,减少养分消耗,增加通风透光。

一般在棉株达6~7个果枝时进行去早蕾,以去掉基部2~3个果枝的全部花蕾的效果最佳,可减少养分无谓浪费,提高养分有效利用率,增加单株结铃数,增加伏桃和早秋桃,减少烂铃和霜后花。

(6)蕾期虫害防治技术 蕾期注意棉蚜的防治,主要有以下技术。

① 棉田种植诱集作物,保护增殖天敌。棉花可大小垄种植,小垄宽50 cm,大垄宽86 cm,每隔4~5行棉花,在大垄内种植1行诱集作物,如玉米、油菜、高粱等,以诱集棉蚜天敌有效捕食棉蚜。

② 严格按防治指标施药。以3片真叶后卷叶株率达20%、伏蚜发生时卷叶株率达5%~10%,为开始施药指标。但还要看天敌情况,如伏蚜期天敌寄生率达30%或天敌与蚜虫比例为1∶(50~80)时,即使达到防治指标也不用施药防治。如确需施药防治时,可用20%的丁硫克百威乳油6 000倍稀释液防治,药效高、药效长。20%灭多威和35%赛丹(硫丹)乳油1 500倍液也是防治棉蚜的有效药剂。还可用内吸性药剂滴心或涂茎,以防治棉蚜,如将40%久效磷乳油、40%氧化乐果乳油、50%甲胺磷乳油、50%抗蚜威150~200倍稀释液用喷雾器喷滴株心或将药液涂在棉茎红绿交界处。

(7)蕾期病害防治措施 应贯彻"预防为主,综合防治"的植保方针,应积极保护无病区,加强植物检疫,不随便从病区引种,县、乡要建立无病种子繁育基地,要采取种子消毒、种衣剂包衣种子、药液浸种等措施。消灭零星病株,控制轻病区,发现零星病株及时拔除烧毁,挖出病土,用氯化苦消毒。改造重病区,推广种植抗病品种,如中棉所12,16,17,35;鲁抗1号;鲁棉11;冀棉14,24;晋棉7,12;豫棉4,21等。选用生育期110~120天的早熟品种,晚播早收,避开或减轻为害。还应采取棉田排水,增施磷、钾肥,及时中耕,合理轮作等措施。

51. 棉花花铃期有利和不利的农业气象条件是什么

(1) 花铃期有利农业气象条件 晴朗的天气,充足的光照,较高的温度,间歇的、适量的晚上降水,白天晴朗,适宜的土壤湿度(即 0～50 cm 土层土壤含水量为田间持水量的 80%),有通风透光的棉田小气候条件,有疏松、透气、保水、保肥的土壤小气候条件等。

(2) 花铃期不利的农业气象条件 少雨、干旱、又缺少灌溉条件,土壤干旱,0～50 cm 土壤湿度小于田间持水量的 65%。花铃期如遇到连阴雨天气,光照不足,易引起棉株疯长,造成大量蕾铃脱落。如果棉田郁闭较重,通风透光不良,蕾铃脱落会更加严重。花铃期棉田也会遭受大风、台风、暴雨、冰雹等灾害性天气的危害,造成棉株倒伏、折断,或棉田积水,受渍、受涝。另外,不良的棉田小气候条件还会加重棉花病虫害的为害。

52. 棉花花铃期主要病害发生的相关条件是什么

棉花花铃期病害是棉铃在不良气候条件下,受多种病原菌侵染所造成的,得病后烂铃、僵瓣严重,对产量和质量影响很大,主要病害有炭疽病、红腐病、枯萎病等。在长江及黄河流域棉区,蕾铃期多雨年份,烂铃率 10%～30%,而西北内陆棉区,由于干旱、少雨,烂铃很少发生。据中国农业科学院棉花研究所观测研究,烂铃可比健铃籽棉重减轻 40.8%,皮棉减少 53.5%，衣分降低 22.8%，绒长缩短 23.4%，纤维强度下降 49.3%。初步估计，我国每年因烂铃造成的经济损失高达数亿元。

棉花铃病的发生与农业气象条件、虫害、品种特性、地势和土壤条件、管理技术等有密切关系。

(1)铃病与农业气象条件的关系 棉田株间温度、湿度不适宜是造成烂铃的主要原因，特别是铃期遇到连阴雨和高温，烂铃会更加严重。如果久雨后突然出现低温，不仅因湿度增加给病菌侵染创造了条件，而且低温又降低了棉花抗性，更易烂铃。一般情况下，日平均气温在 25～30℃，空气相对湿度在 85% 以上，铃病发生较重；日平均气温在 20～25℃，空气相对湿度在 80% 以下，铃病受到抑制，发病较轻。但是不同病原菌侵染条件是不同的，如棉铃疫病病菌生长的最适宜温度为 22～25℃，在 15～30℃ 的范围内都能侵染棉铃，但致病病菌生长的适宜温度为 24～27℃。一般每天降水 10 mm 以上，且连续降水 3～5 天，造成棉田积水或受渍，棉株就会出现大量的烂铃。8—9 月份的雨量和雨日多少，是决定全年烂铃轻重的关键因素。另外，光照时间和光照强度不足，棉田郁闭程度高，通风透光不良，株间和土壤温、湿度高等因素都会加重铃病的发生和为害。

(2)铃病与虫害的关系 遭受过红铃虫、棉铃虫、金刚钻等虫害的棉株，其虫害伤口为病菌侵染提供了途径，一些不能直接侵入表皮层的病原菌，会借助植株伤口乘虚而入，使棉株迅速发病。所以，虫害重的棉田往往铃病也较严重。据浙江省调查，红铃虫为害严重的棉田铃病率高达 46%，而虫害较轻者铃病率仅为 19.3%。

(3)铃病与棉花品种特性的关系 一般亚洲棉比陆地棉

铃病轻。早熟品种晚播,在8月份棉铃正处于单宁含量高的阶段,较之早播的品种发病率大为减轻。

(4)铃病与地势和土壤的关系 地势低洼、排水不良、土壤受渍、湿度大的棉田,棉铃发病率高。盐碱土壤,会使棉株抗性减弱,也易引发铃病。

(5)铃病与管理技术的关系 氮肥过多、植株徒长、棉田通风透光不良,则病菌易于滋生,易引发铃病,而且铃壳变厚、开裂缓慢、吐絮不畅也易引发铃病。灌、排水不当,如大水漫灌,也可造成植株徒长,加重铃病发生。打顶、整枝、摘叶等不及时,行间郁闭、湿度大、光照少,也易发生铃病。

53. 棉花花铃期主要虫害发生的特点有哪些

棉花花铃期主要虫害有棉铃虫和红铃虫等。

棉铃虫

棉铃虫主要是幼虫钻蛀为害花、蕾和棉铃,其在棉田内可发生数代,为害时间较长,对棉花产量、质量影响甚大,在我国南北棉区均被列为主要防治对象。

(1)棉铃虫的分布和为害 黄河流域棉区为害最重,新疆棉区和辽河棉区为害较重,长江棉区过去为害较轻而近年来为害也相当严重。特别是20世纪90年代以来,在我国北方棉区棉铃虫连年猖獗成灾,造成重大损失,一般棉田减产40%~50%,重者减产70%~80%,以致改种其他作物。

(2)发生规律及主要习性 棉铃虫一年发生代数南方多于北方。辽河和新疆大部棉区1年发生3代,主要为害是第二代;北纬32°~40°的黄河流域棉区及部分长江流域棉区,1

年发生4～5代,为害重的是第二、三代;北纬25°～32°的长江流域棉区,1年发生5代,为害重的是第三、四代;北纬25°以南的华南棉区,1年发生6代,为害重的是第三、四、五代。棉铃虫2龄时开始蛀食嫩蕾、花朵,造成蕾铃脱落。1头棉铃虫幼虫一生可为害10多个蕾、花、铃。

(3)棉铃虫发生和为害的农业气象条件 棉铃虫成虫产卵的适宜温度为25～28℃,适宜空气相对湿度在70%以上。越冬代成虫在气温高时发生早。我国多数棉区棉花中后期的气温、降水对棉铃虫的发生均较有利。但大雨、暴雨,能冲刷虫卵和初孵幼虫,可显著降低其卵量、孵化率、卵株率。若月平均降水量在100 mm左右,空气相对湿度在70%以上,棉铃虫会严重发生。化蛹初期如遇连续降雨,且降水量在200 mm以上,对蛹的发育、羽化有明显的抑制作用,但阴雨高温天气一过,棉田卵量可突增,并有利于卵的孵化和幼虫为害。多熟种植为棉铃虫提供了充足的食料,种植密度加大、水肥条件提高均有利于棉铃虫的发生和为害,加之棉铃虫成虫迁飞能力强,故为害时间长、程度重。黄河流域棉区要着重防第3代棉铃虫,因为此时棉株自身对蕾铃脱落后的补偿能力已减弱。此外,不同棉花品种类型对棉铃虫的抗性不同,棉田内棉铃虫天敌资源数量多少,也会影响棉铃虫的为害程度。

红铃虫

红铃虫是世界性害虫,以幼虫为害蕾、花、铃和种子,且能随棉籽或籽棉调运而传播,是我国棉花花铃期主要害虫,特别是南方棉区更为严重。

(1)红铃虫发生和为害规律 红铃虫在北纬18°～26°,如华南棉区,一般1年发生5代以上;北纬26°～34°,如长江流域棉区,1年发生3～4代;北纬34°～40°,如黄河流域棉区,1

年发生2~3代；北纬40°以北，如辽宁棉区，1年只发生2代。第一代幼虫蛀食花蕾为主，第二代蛀食青铃为主。

(2)红铃虫发生的农业气象条件 红铃虫越冬幼虫在翌年气温上升到18℃以上时开始化蛹，24~25℃羽化，产卵的适宜温度为25~28℃。温、湿度高有利于红铃虫的繁殖，取食蕾、花后成虫产卵量高。其生长发育的适宜温度为20~35℃，适宜的空气相对湿度在80%以上。棉株高大，棉田温、湿度高有利于红铃虫成虫产卵，卵成活、孵化率高。成虫寿命与温度成正比，越冬幼虫在-16℃时，或有1个月平均温度在-5℃时均会死亡。雨量过多年份对红铃虫繁殖不利，一般为害较轻。

54. 棉花花铃期主要农业气象技术措施是什么

花铃期是棉花生长发育最旺盛的时期，也是决定棉花产量、质量的关键时期，管理技术措施不当或不及时，会显著影响棉花产量和质量。棉花花铃期管理的原则是，初花期适当控制营养生长，盛花期后积极促进生殖生长，促使多结铃、结大铃。具体栽培管理技术措施如下：

(1)根据气候条件和苗情科学施肥 花铃期是决定铃的多少、大小、轻重的关键时期，是棉花一生中需肥最多的时期。故重施花铃肥是保伏桃、争秋桃、桃多、桃大、不早衰的关键措施。花铃期追肥量一般应占总追肥量的50%或更多一些。施肥水平较高的地区，可分初花期和盛花期两次追肥，初花期追施速效和迟效混合肥，盛花期只追施速效化肥。施肥水平较低的地区，可一次施入混合肥。施肥时间应根据当地气候条件和棉株长相而定,干旱年份,瘦地和稳长棉株在初花期集中施入;多雨年份,肥地及旺长棉株要等长 2~3 个桃后再施。

为了防止棉株早衰,争取多结铃、结大铃,盛花期后对土壤肥力较差和棉株长相较弱的棉田,应适当补施盖顶肥,即桃肥。补施桃肥的时间,北方棉区一般在 7 月底至 8 月初,最迟不过立秋节气;南方棉区,在立秋前后,最迟不晚于 8 月中旬。追施桃肥的数量,每公顷不超过 75 kg 硫铵。

(2)灌溉与排水防御旱、涝灾害 花铃期是棉株叶面积最大时期,且适逢高温季节,叶面蒸腾强烈,棉株对水分的反应敏感。如此时水分供应不足,造成水分供求失调,代谢过程受阻,会引起大量蕾铃脱落,并引起早衰。但根据北方棉区的气候特点,盛花期已进入雨季,土壤一般不缺水,棉株不致受旱,但初花期多在 6 月底至 7 月初,雨季尚未到来,经常出现干旱威胁,应及时浇水。

浇水要根据苗情、旱情灵活掌握。对于肥力差、长相弱的棉田,要适当早浇水;对肥力足、长相旺的应适当迟浇。同时要注意天气预报,避免浇后遇雨,致使土壤水分过多,引起棉株疯长,或棉田积水造成渍涝灾害。花铃期浇水一般采用沟灌。雨季还应注意排水,避免渍涝影响根系发育,导致蕾铃脱落。

南方棉区,花铃期正是伏旱季节,必须及时浇水,以水调肥,促进肥料分解和根系吸收。此时,光照充足,适时浇水,有利于多结棉桃。每次浇水后,要注意中耕保墒。

(3)中耕培土防风、防倒 由于浇水、降雨或整枝、治虫等田间作业,使棉田土壤紧实板结、通透性差,影响根系发育,容易引起早衰。因此,在花铃期尚未封行前,应及时进行中耕、培土。花铃期棉根再生能力逐渐下降,中耕不宜过深。否则,切断大量根系,会削弱根系吸收能力。培土可结合中耕进行。在蕾期培土的基础上进一步培土,对于排涝、灌溉、防旱、防倒都是有利的。

(4) 及时整枝、通风透光、集中供养

①打顶。打顶是棉田整枝技术中最重要的技术措施。适时打顶可打破顶端生长优势,改变棉株体内养分运转和分配情况,使养分运向结实器官,使之多结蕾铃,增加铃重。打顶还可有效地控制主茎生长高度,改善株间通风透光条件,有利于增产和早熟。打顶时间因条件而异,肥力低、密度大、长势弱、无霜期短的地区,打顶期应适当早些;反之,应适当推迟。由于棉花现蕾至吐絮需 80～90 天,且后期若气温降低,吐絮期还要延长,只有早霜到来前 80～90 天的蕾才能发育成有效铃,所以打顶时机十分重要。北方棉区一般适宜打顶期为 7 月中下旬,南方棉区为 7 月下旬。打顶要轻打顶尖,防止大把揪。

②打旁心。打旁心即打掉各个果枝的生长点,目的是改变果枝的顶端生长优势,控制果枝横向生长,改善株间通风透光条件,增加坐桃率,促进早熟。在土壤肥沃、生长旺盛、果枝交错严重、田间郁闭的情况下,打旁心的增产效果很显著。打旁心时一般留 2～3 个果节。具体各果枝保留果节、蕾铃的多少,应根据棉花长势、时间等确定。估计最后不能成铃吐絮的花蕾,应及早去掉,以减少养分无谓消耗。

③抹赘芽、去疯杈、打老叶。对主茎、果枝叶腋处长出的赘芽、疯杈应及时抹掉,对郁闭比较严重、通风透光不良、易导致蕾铃脱落和烂铃的棉田,应及时打掉下部无坐铃果枝及主茎老叶,其目的是减少养分浪费,改善棉田通风透光条件,保证棉铃所需养分的供给,获取棉花优质、高产。

55. 如何根据气候特点防治棉花花铃期病害

棉铃病害的防治主要着眼于改善生态环境,造成有利于棉株生长发育,不利于病菌繁殖、侵入的棉田生态气候条件。具体技术措施如下:

农业防治

(1)合理施肥 施足基肥,轻施苗肥,稳施蕾肥,重施花铃肥。施足基肥既可满足前期营养生长需肥,又可防止棉株疯长;重施花铃肥主要是为了满足生殖生长的需要。肥料应氮、磷、钾合理配比,尤其要施足钾肥,因为钾肥能增强棉铃的抗病性,而施氮肥过多易造成徒长和铃病。

(2)排灌适宜 旱时要及时灌水,最好沟灌,不要大水漫灌;排水要及时快速,防止棉田积水,受渍涝灾害。

(3)及时整枝、推株并垄 及时去叶枝、抹赘芽、打老叶、摘顶心、打旁心等,及时推株并垄,以改善棉田株间通风、透光、增温、降湿条件,减少铃病的发生、发展。

(4)及时摘除病铃 及早摘除病铃并剥开晾晒,既可挽回部分损失,又可减少侵染病源,降低铃病的发生和为害。

化学防治

铃病发生阶段,正值秋雨时节,棉田已封垄,喷药防治技术上有困难,可在防治棉铃虫时,于杀虫剂中配入适量的杀菌剂,以防治病害,同时杀虫,也可减少病菌侵染途径。在开始成铃时,防治铃病可喷敌菌丹、福美双、灭锈净500倍稀释液2～3次,防效为60%～70%,或用1:1:200的波尔多液每7天喷1次,连喷2～3次,防效也可达70%。

选用抗病或避病品种

铃壳中单宁含量高的品种有抑制病菌的作用,发生铃病较轻。选育早熟品种或进行晚播,也能起到避病的作用。

56. 如何根据气候特点防治棉花花铃期虫害

棉花花铃期主要虫害有棉铃虫和棉红铃虫等。

花铃期棉铃虫的防治技术

(1)降低虫源基数 棉花收获后及时拔除棉柴,进行秋耕、冬灌,约可消灭70%的越冬虫源。

(2)合理调整作物布局,选择早熟、抗虫棉品种 采用棉花与其他作物间作、套种、插花或条带种植,选择相适应的早熟品种等,都能不同程度地减轻棉铃虫的为害。

(3)科学合理用药,提高防治技术 加强虫情测报、预报,确定用药防治适期和防治标准,选择适用的农药品种和用量。研究及实践证明,掌握棉铃虫每代第一次防治用药时间及标准很关键。中产棉田第三代棉铃虫第一次防治时间为7月中旬至8月上旬,标准为百株卵量50~100粒、百株幼虫5~10头。不同产量水平棉田,不同代的防治指标不同,如高产棉田第三代第一次防治指标为百株卵量50粒,百株幼虫10~15头;低产田为百株卵量30粒,百株幼虫5~10头。关于防治适期,应抓住卵孵化盛期至2铃幼虫盛期,在幼虫蛀铃前用药为宜,也可利用棉铃虫的趋光性,用灯诱捕。

在用药防治方面,为延缓和控制棉铃虫对菊酯类农药的抗性,对防治棉铃虫应少用、限用、尽可能不加浓度使用菊酯类农药,可用2.5%天王星乳油3 000倍稀释液喷施,对棉铃虫和棉叶螨均有较好的防治效果。在有机磷农药中防效较好的有辛硫磷、甲胺磷、水胺硫磷、甲基1605(甲基对硫磷)、久效磷和敌敌畏等。用药时要采取防护措施,以防农药中毒。应发展科学的农药混用和复配制剂。目前,棉区还推广应用生物农药。采用好的施药方式也很重要,根据发生部位、数量、时间应分别采取顶尖喷、全株喷、手工喷、机动喷、静电喷等方式。

花铃期棉红铃虫的防治技术

棉红铃虫在我国各棉区发生代数不同,自北向南递增。黄河流域棉区1年发生2~3代,长江流域棉区1年发生3~4代。

花铃期防治是在越冬自然低温杀虫、盖花捕杀、天敌捕杀的基础上,重点用药剂防治第二、三代棉红铃虫。在第二、三代红铃虫盛发期,可撒毒土于行间,或将性诱剂诱芯挂于田间,均有较好的防治效果。喷药时,防治第二代要做到全株均有喷药,防治第三代主要应喷在青铃上。喷药防治指标为第二代当日百株卵量为60~80粒,第三代为160~200粒,具体还要根据棉田郁闭和长势情况而定。主要用药种类为有机磷农药,也可用菊酯类农药和混配制剂农药,如50%久效磷乳油、2.5%天王星乳油、44%速凯乳油1 000倍稀释液,40%氧化乐果乳油、50%辛硫磷乳油1 500倍稀释液,2.5%溴氰菊酯3 000倍稀释液等喷施。

此外,还应注意采用适时早播、合理施肥、培育壮苗、促使早发、加强管理、选用抗虫良种等农业防治技术措施。

57. 棉花吐絮、收花期生育特点和所需的农业气象条件是什么

吐絮、收花期指棉花开始吐絮至霜冻来临、收花结束的一段时期。一般8月底9月初开始吐絮,初霜期一般出现11月上中旬,持续70~80天。该期棉花的生育特点是伏前桃开始吐絮,伏桃逐渐成熟,早秋桃正在长大,晚秋桃正在形成。这时棉株的营养生长开始衰退,生殖生长变缓,根系吸收能力下降。

吐絮、收花期棉株对农业气象条件的要求是:有较多的日照时数,较强的光照强度,较高的空气温度和株间温度,较低的大气和棉田空气湿度,要求有较多晴好、微风的天气,气温在20℃以上,空气相对湿度在60%左右,株间相对湿度在70%左右,0~50 cm土壤湿度在田间持水量的65%~75%。以上这些条件,可加速碳水化合物的形成、积累和转移,促进脂肪和纤维素的形成、积累,加速棉壳干燥,有利于棉铃开裂、吐絮及提高棉花产量和品质。

北方棉区,9月以后降水减少,气候较干燥,晴天较多,光照较充分,气温逐渐降低,气温日较差增大,土壤水分相对减少,这些条件对棉花后期棉铃增大、增重、成熟、开裂、吐絮、收花较为有利。但是有时因降水过少,也易造成大气和土壤干旱,当土壤湿度低于田间持水量的60%时,会引起棉花早衰,铃重、纤维减轻,产量、品质降低。还有少数年份由于早霜冻出现早,有时出现于10月中下旬,从而影响棉花正常发育,形成较多的霜后花,对棉花产量、品质造成不良影响。

南方棉区,吐絮期常多秋雨,光照减少,温度下降较快,若

管理不当,水肥条件好的棉田易出现贪青晚熟,水肥条件差的棉田又易出现早衰。

58. 棉花吐絮、收花期主要农业气象技术措施是什么

棉花吐絮、收花期的工作重点是促进早熟、畅吐,预防早衰、早霜,及时收好、管好籽棉。

(1)补水、补肥 在北方棉区秋旱年份,高产棉田土壤水分供应不足,当根系主分布层土壤湿度降至田间持水量的60%以下时,应及时浇水补墒。浇水方法以小水沟灌为宜。如此时棉株出现脱肥现象时,可叶面喷施1%的尿素溶液和0.5%的过磷酸钙溶液。南方棉区,此时多遇阴雨天气,要及时注意棉田排水,防涝、降渍。

(2)及时整枝、推株并垄,促铃早熟、早吐 棉花进入吐絮期,棉花营养主要供给生殖生长需求,故仍需继续做好打老叶、剪空枝、打旁心等整枝工作。特别是对于后期生长旺盛、贪青晚熟的棉田,更要抓紧进行整枝工作。此外,对于后期生长旺盛、贪青晚熟、郁闭较重,或秋雨较多、湿度较大的棉田,还可及时采用推株并垄措施,即将相邻两行棉花视为一组,将棉株上部推并在一起,呈"八"字形,从而增加组与组之间的空间距离。隔5~7天后,再将先前被推并的两行棉花向相反方向推并,从而又扩大了先前两行棉花之间的空间距离。这样每行棉花行间及地面,均可先后受到较充足的光照,起到通风、透光、增温、降湿的作用,改善棉田株间小气候条件,减少僵瓣、烂铃,促进棉铃及早成熟、吐絮,提高棉花产量、品质。

(3)及时高质量收花 棉花大田生产的最后一个重要环

节就是及时高质量地收好棉花。目前,我国大部分棉区还是以人工收花为主,每次收花间隔时间以 7~10 天为宜。间隔时间过长,在日光照射下,会使棉纤维氧化变脆,影响纤维强力,品质降低。

收花要做到"五分"、"四净"、"两不收"。"五分"即分收、分晒、分堆、分运、分送。其中的分收就是指不同品种分收,留种株与一般株分收,霜前花与霜后花分收,好花与僵瓣花分收,正常成熟花与青铃剥出花分收。"四净"指棉棵上的花收净,铃壳内的花摘净,落在地上的花拾净,棉絮上的杂物去净。"两不收"是指没完全成熟的花不收,棉絮上有露水时不收。收花能达到上述要求,既可保证丰产、丰收,又可提高棉花产量、品级。

59. 盐碱地春棉高产种植的农业气象技术要点是什么

我国盐碱地面积大、分布广,全国耕地中约有 1 亿亩为盐碱地,另外还有近 30 亿亩盐碱荒地未被开发利用,盐碱地资源十分丰富。我国盐碱地主要分布于辽宁、河北、山东、河南、山西、甘肃、江苏、安徽、新疆、天津等省(市、自治区)。华北地区约有盐碱地 6 000 万亩,主要分布于黄淮海平原。在黄淮海平原耕地中,轻盐碱地面积 2 550 万亩,重盐碱地面积 1 215 万亩,滨海盐荒地 915 万亩,海涂盐滩 450 万亩。黄淮海平原是我国主要的产棉区之一,开发利用盐碱地植棉有着巨大的潜力。

根据盐碱地土壤盐分随水分移动特点,即盐向高处走,土层中盐分上重下轻,春秋重、夏季轻。要获取盐碱地棉花的相对高产稳产、优质高效,应采取以下科学技术措施。

盐碱地棉田综合治理

(1)挖沟排水洗盐 挖沟排水降低土壤含盐量是投资少、简便易行、行之有效的盐碱地改良措施。排水洗盐效果与排水沟深度、间距有关。黄淮海地区排水沟适宜深度轻质土河南、河北、山东分别约为 2.4,2.6,2.8 m,黏质土均为 1.7 m。沟与沟之间的距离若沟深分别为 2.5,2,1.5 m 时则分别约为 650,450,250 m。

(2)灌水洗盐 在无排水系统、限制冲洗水量的条件下,只能暂时将盐碱压至土壤下层,使当年勉强可以植棉。有排水系统冲洗,可将盐碱带往远处,这是盐碱地治理最有效的方法。一般植棉盐碱冲洗标准为土壤盐分含量小于 0.3%,脱盐层厚度为 100 cm。

(3)改土改碱 增施农家肥、磷肥,以改土改碱。

盐碱地棉花播种保苗技术

(1)选用抗(耐)盐品种 盐碱地宜选用中早熟、适应广、结铃好、抗盐力强、高产优质棉花良种,如鲁9426、中棉所12、中棉所17、中棉所19等品种。

(2)用坑塘水浸种 坑塘水含有当地土壤中各种可溶性盐类,用其浸种可以提高棉花的抗盐性。

盐碱地棉花躲盐巧种技术

(1)起碱拔毒 春耕前刮去一层浮碱并运出田外,可减少耕层含盐量。

(2)开沟躲碱 开沟起埂,把含盐多的表土集中到土埂上,把种子播到含盐少、含水多的沟底,能起躲盐借墒的作用,沟距一般为 1 m。

(3)淡水压碱 播前 10~15 天顺沟灌水,使土壤中盐分随水下渗,降低耕层含盐量,增加土壤含水量,可一水保全苗。

(4)集中施肥 把基肥集中施于沟底,使局部施肥量成倍提高。

(5)适期播种 4月下旬,当5 cm地温稳定在17 ℃以上时播种。

(6)沟底点种 把种子播入沟中央,每穴10粒左右,覆土深度3.5 cm,每亩2 500~4 000穴。

(7)松土扎锄、双株留苗 棉花出苗后即近根松土,然后浅锄行间。棉花出现真叶后,用板镢扎锄棉苗四周,扎锄深度以5~10 cm为宜。定苗时,每穴留2株长势基本相同的健壮棉苗。

(8)扒碱围肥 5月中旬,把棉苗周围的盐土扒出,然后每株围一把土杂肥。

(9)松垄平沟、阳土还家 进入雨季前深耘垄背;大雨过后,立即拱背培土,变脊为沟。

(10)老沟种植 是在开沟躲盐巧种基础上发展起来的。拔棉柴后土地不耕翻,年前仅在沟内浅耕或耙地以保墒,沟保持不动;翌年结合沟内集中施肥进行浅耕和耙糖备种。老沟种植一是可使盐分持续往垄上集中,逐年降低沟内土壤含盐量;二是连年集中施肥,可使沟内土壤肥力显著提高,所以脱盐和保苗效果都很显著。老沟种植第一年保苗率由15%~18%提高到60%~60.5%,第二年提高到82%~85%,第三年提高到87.6%。由于老沟种植调整了水盐动态,即使在耕作层含盐0.99%的重盐碱地,采用此法结合育苗移栽、钵体围肥,并加强管理,亩产籽棉仍可达230 kg以上。

盐碱地育苗移栽技术

(1)栽前准备 大田于移栽前10~15天顺沟浇水,淡水压碱,造足底墒。

(2)移苗 移苗前浇足"送嫁水",在不易散钵时带钵移苗,注意大小苗分栽。

(3)移栽 5月上旬选择晴天移栽。先开沟,后栽钵,埋土时注意轻压,但不要伤钵体,使钵土与棉田土壤紧密结合。栽前没有灌水的,栽苗时先埋土至钵高的一半,浇"活棵水",待水下渗后覆土轻压。每亩栽3 000株左右。

栽后管理技术

(1)中耕松土 栽后浅中耕以提高地温,苗蕾期雨后划锄。中耕应在距钵体3 cm以外的行间进行,避免钵体破碎,造成死苗。

(2)浇"团结水" 棉花缓苗后,应于5月中下旬浇水,使钵土与田土紧密结合,同时淡水压碱,使棉花及早摆脱盐害,进入旺长阶段。

盐碱地棉花田间管理

(1)间苗、定苗、补苗 去弱留壮,条播棉田疏开棉苗,穴播留2~3株,于3片真叶时定苗,若棉田有缺苗断垄,要及时通过催芽补种、芽苗移栽和带土移栽等方法补齐。

(2)平衡施肥 贫氮缺磷是黄淮海平原盐碱地的肥力特征,要求亩施农家肥2~3 t,饼肥40 kg,过磷酸钙30~40 kg。追肥亩用尿素20 kg,其中蕾肥7.5 kg,花铃肥12.5 kg,这一施肥水平可基本满足亩产80~100 kg皮棉的需肥要求。

(3)适时灌水、排涝 蕾期是棉花营养生长和生殖生长并进时期,在季风气候影响下,棉花蕾期至初花期常遇干旱,且持续时间较长,对棉花生长发育影响较大,应及时灌水以促蕾、促花、多结铃。每亩灌水量为30~40 m^3。

花铃期正值雨季,往往因降水集中而造成棉田过湿或积水,造成棉花疯长、倒伏和生育不良而减产,应及时培土和挖沟排水,除涝降渍。

(4)防止棉花疯长和烂铃 黄淮海平原棉花花铃期正值高温、多雨时期,在高温、高湿的棉田小气候条件下,极易造成棉花疯长、棉田郁闭、棉花烂铃。为此,应及时挖沟培土或冲沟放墒,并结合整枝、打顶,除下层老叶、边心及空枝,改善田间通风透光条件。

对长势过旺的棉田,在初花期7月上旬,每亩用20 ml助壮素兑水15 L或用2~3 g缩节安加水30~40 L调控,以使棉花稳定生长并提高伏桃坐桃率。在行距的配置上,改宽窄行种植方式为等行距种植,因为窄行距过度拥挤,过早郁闭,通风透光不良,致蕾铃脱落严重,遇多阴雨的年份烂铃率高达30%以上。植棉实践结果表明,棉花1 m等行距种植方式效果较好,可使雨季的烂铃率下降至15%以下,对增产和提高品质均为有利。

(5)适时整枝打顶 黄淮海平原地区盐碱地棉花以7月中旬打顶较为适宜。

60. 盐碱地棉花地膜覆盖栽培的农业气象技术要点是什么

地膜覆盖栽培是盐碱地植棉技术的一大突破。山东试验证明,盐碱地地膜覆盖棉花亩产籽棉275 kg,比不覆盖地膜的棉花增产33.4%。因地膜覆盖具有增温、保墒、抑制返碱、使土壤疏松透气、提高供肥能力等效应,恰好有针对性地解决了盐碱地棉田水分亏缺、盐碱危害、温度低、通气不良、供肥不足等一系列问题,造就了有利于棉花生长发育的土壤小气候条件,促进棉花一播全苗、壮苗早发、优质高产。盐碱地棉花地膜覆盖栽培技术主要有以下要点。

(1)秋(冬)耕 11月上中旬棉花拔柴后立即深耕25~30 cm,耕后耙平,抑制返碱。

(2)春耙 顶凌耙地,耙后耢平;雨后要耙耢,保墒抑盐。

(3)春灌 播前15~20天灌水,淡水压碱。

(4)春耕 春灌后适时耕翻,耕深14~16 cm,耕后耙平待播。机械化程度高的地区,播种时低起垄种植。垄宽80~90 cm,高8~10 cm;沟宽80 cm,沟、垄总宽160~170 cm。整好垄背后立即抢墒播种。旱作盐碱地棉田,临播前开躲盐沟,推干种湿,躲盐借墒。埂背宽70 cm,沟宽100 cm。把沟中央的干土培到躲盐埂上后,再往沟内施基肥,最后把沟中央耕翻,整成龟背形低垄,立即抢墒播种。

(5)适时播种 4月10—20日,在地温稳定通过15 ℃时抢好天播种,轻度盐碱地宜早,中度盐碱地宜迟。

(6)合理密植 垄上小行距50 cm,垄间大行距100~110 cm,高产田每亩2 500~3 000株,低产田每亩3 500~4 000株。

(7)覆盖地膜 选用宽90 cm、厚0.006 mm的地膜。垄上一膜盖两行,注意压好膜边,防止大风揭膜。覆膜后每隔10~15 m封一个小土堆,防风揭膜。

(8)播预备苗 中度盐碱地每亩制钵3 500~4 000个,与大田同期播种,同样盖膜。出苗后揭去地膜,缺苗处即用钵苗补栽。

参 考 文 献

郭香墨,刘金生. 2006. 棉花良种引种指导. 北京:金盾出版社.

韩湘玲. 1999. 农业气候学. 太原:山西科技出版社.

郝云理,陈艳春. 1994. 山东省麦套棉初霜冻害预报服务系统研究. 中国农业气象,(1).

郝云理. 1985. 棉花纤维品质与气象因子关系分析. 山东气象,(3):28-30.

郝云理. 1986. 充分利用气候资源提高棉花纤维品质. 中国农业气象,(3):32-34.

姜会飞,等. 2008. 农业气象学. 北京:科学出版社.

毛树春. 2006. 棉花规范化高产栽培技术. 北京:金盾出版社.

气候变化与作物产量课题组. 1992. 气候变化与作物产量. 北京:中国农业科技出版社.

山东省气象学会农业气象委员会. 1993. 农业气象适用技术. 北京:气象出版社.

郑曙峰,路曦结,潘泽义. 2007. 棉花优质高效栽培新技术. 合肥:安徽科学技术出版社.

周有耀. 2006. 棉花高产优质栽培技术. 北京:金盾出版社.

邹奎. 2010. 棉花生产百问百答. 北京:中国农业出版社.